Der Mechanik-Coach

Ihr Bonus als Käufer dieses Buches

Als Käufer dieses Buches können Sie kostenlos unsere Flashcard-App „SN Flashcards"
mit Fragen zur Wissensüberprüfung und zum Lernen von Buchinhalten nutzen.
Für die Nutzung folgen Sie bitte den folgenden Anweisungen:

1. Gehen Sie auf **https://flashcards.springernature.com/login**
2. Erstellen Sie ein Benutzerkonto, indem Sie Ihre Mailadresse angeben,
   ein Passwort vergeben und den Coupon-Code einfügen.

Ihr persönlicher „SN Flashcards"-App Code   29ED4-1DB2D-A687E-342E1-48A74

Sollte der Code fehlen oder nicht funktionieren, senden Sie uns bitte eine E-Mail mit
dem Betreff **„SN Flashcards"** und dem Buchtitel an **customerservice@springernature.com**.

Stefan Roth • Achim Stahl

Der Mechanik-Coach

Begleitbuch zum Online-Kurs
Experimentalphysik | Mechanik

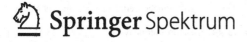 Springer Spektrum

Stefan Roth
III. Physikalisches Institut B
RWTH Aachen University
Aachen, Deutschland

Achim Stahl
III. Physikalisches Institut
RWTH Aachen University
Aachen, Deutschland

ISBN 978-3-662-63617-6   ISBN 978-3-662-63618-3   (eBook)
https://doi.org/10.1007/978-3-662-63618-3

Die Deutsche Nationalbibliothek verzeichnet diese Publikation in der Deutschen Nationalbibliografie;
detaillierte bibliografische Daten sind im Internet über http://dnb.d-nb.de abrufbar.

Springer Spektrum

Planung/Lektorat: Lisa Edelhäuser, Caroline Strunz
Springer Spektrum ist ein Imprint der eingetragenen Gesellschaft Springer-Verlag GmbH, DE und ist ein
Teil von Springer Nature.
Die Anschrift der Gesellschaft ist: Heidelberger Platz 3, 14197 Berlin, Germany

Vorwort

Der Mechanik-Coach soll Ihnen bei der Vorbereitung auf Klausuren und Prüfungen in der klassischen Mechanik helfen. Er richtet sich vornehmlich an Studierende in den Bachelorstudiengängen Physik. Er ist entstanden aus unseren Erfahrungen aus dem Kurs Experimentalphysik 1 an der RWTH Aachen. Wir haben diesen Kurs über etwa 20 Jahre hinweg wiederholt gehalten, die Studierenden auf die Klausur vorbereitet, die Klausuren entworfen und durchgeführt und die Studierenden schließlich in einer kursübergreifenden mündlichen Einzelprüfung über die klassische Physik geprüft.

Der Mechanik-Coach soll Sie bei der Nachbearbeitung des Stoffs und der Vorbereitung auf die Prüfungen begleiten. Er ist aber kein Lehrbuch, das den Stoff ausführlich erklären würde. Stattdessen reduziert er den Stoff auf das Wesentliche, fasst ihn zusammen und präsentiert ihn im Überblick. Wir gehen davon aus, dass Sie neben dem Coach weitere Materialien zur Verfügung haben. Dies könnte der Online-Kurs *Experimentalphysik | Mechanik* bei iversity (Study Buddy) sein. Auf diesen ist der Mechanik-Coach direkt zugeschnitten. Sie können ihn aber auch zusammen mit anderen Materialien wie Lehrbüchern oder Vorlesungsnotizen benutzen, gerne auch mit unserem Lehrbuch[1] ☺. Falls Sie sich für den Kurs auf iversity entscheiden sollten, finden Sie im Anhang weitere Infos und Zugangsdaten.

Der Mechanik-Coach ist in 16 Lerneinheiten gegliedert, die sich mit denen im oben erwähnten Online-Kurs decken und sich direkt auf die Kapitel unseres Lehrbuchs abbilden lassen. Er führt Sie in vier Schritten durch die Lerneinheiten:

Wiederholung:
Zunächst müssen Sie den Stoff der Lerneinheit durcharbeiten. Der Mechanik-Coach hilft Ihnen mit einer kompakten Zusammenfassung, die auch einige Schlüsselexperimente einschließt. Sie sollten alle Aspekte dieser Zusammenfassung verstanden haben. Falls nicht, müssen Sie zurückgehen zu Ihren Arbeitsmaterialien und sich den Stoff erst einmal aneignen.

Kenntnis der wichtigsten Begriffe:
Nun sollten Sie in der Lage sein, alle wesentlichen Begriffe der Lerneinheit zu erklären und anzuwenden. Dazu finden Sie eine Tabelle mit den wichtigsten

---

[1]Stefan Roth, Achim Stahl, *Mechanik: Experimentalphysik – anschaulich erklärt*, Springer Spektrum.

Begriffen in jeder Lerneinheit. Verdecken Sie die Spalte mit den Erläuterungen. Können Sie die Begriffe auch ohne Hilfe des Texts erklären?

Mindmap:

Erstellen Sie nun eine Mindmap der Lerneinheit. Ein Beispiel finden Sie weiter unten. Es ist wichtig, dass Sie die Mindmap nicht irgendwo kopieren und auswendig lernen, sondern ihre eigene Mindmap erstellen. Falls Sie doch noch Lücken im Verständnis haben, wird Ihnen das in diesem Schritt auffallen.

Kontrollfragen:

Arbeiten Sie zum Schluss die Kontrollfragen durch. Es sind typische Einstiegsfragen in unseren mündlichen Prüfungen. Sie sind so gestreut, dass sie alle wesentlichen Themen der Lerneinheit abdecken. Sie sollten in der Lage sein, jede Frage in einem Minutenvortrag zu beantworten. Sie dürfen gerne ein Blatt Papier für Skizzen zur Hand nehmen.

Falls Sie möchten, können Sie Ihren Fortschritt auf der ersten Seite jeder Lerneinheit abhaken.

Der Mechanik-Coach ist ein Arbeitsbuch. Nutzen Sie es. Schreiben Sie ihre Notizen, Kommentare, Fragen in das Buch. Nur so wird es eine lebendige Hilfe werden.

Wir hatten vielfältige Hilfe bei der Erstellung des Mechanik-Coaches. Bei allen Unterstützern wollen wir uns ausdrücklich bedanken, insbesondere bei Beate Roth fürs Korrekturlesen, bei Lisa Edelhäuser und ihrer Nachfolgerin Caroline Strunz für die Begleitung des Projekts, bei Stefanie Adam und vielen anderen für die technische Unterstützung und bei all unseren Studierenden, deren Faszination für Physik in die Kurse und den Mechanik-Coach eingeflossen ist.

Und nun wünschen wir Ihnen viel Erfolg mit dem Mechanik-Coach!

Aachen, März 2022

Stefan Roth und Achim Stahl

Mindmap

Die Erstellung einer eigenen Mindmap zu jeder Lerneinheit soll Ihnen helfen, Ihre Gedanken zu strukturieren und zu organisieren. Mit der Mindmap notieren Sie die wesentlichen Inhalte der Lerneinheit und stellen die ausschlaggebenden Zusammenhänge dar. Die Konzentration auf das Wesentliche ist wichtig. Die Mindmap darf nicht zu einer Liste aller Inhalte entarten. Begrenzen Sie den Umfang. Sie sollte auf eine Doppelseite passen.

Sie sollten die Mindmap erst am Ende der Lerneinheit erstellen, nachdem Ihnen klar geworden ist, was die wesentlichen Inhalte sind und wie diese zusammen hängen. Wenn Sie erst einmal die bestimmenden Aspekte in die Mindmap eingetragen haben, können Sie diese durch weniger wichtige Aspekte ergänzen. Es sollte aber klar erkennbar bleiben, was wesentlich und was weniger wichtig ist, z. B. indem Sie unterschiedliche Schriftgrößen oder Unterstreichungen einsetzen. Wie Sie das machen, bleibt Ihrer Phantasie überlassen. Zu den Inhalten gehören neben den Modellen, Sätzen und Kernformeln auch die wichtigen Experimente und Messmethoden. Vergessen Sie nicht, die wesentlichen Annahmen bzw. Näherungen einzutragen.

Auf der folgenden Doppelseite finden Sie ein Beispiel einer Mindmap zu LE-07. Nicht kopieren! Machen Sie Ihre eigene. Zeichnen Sie ruhig ins Buch. Wenn Sie die Lerneinheit gründlich durchgearbeitet haben, sollten Sie alles im Kopf haben und kein Konzept mehr brauchen. Wenn es wirklich mal schief geht, können Sie den ersten Versuch immer noch überkleben. Checken Sie am Ende nochmal, ob Sie auch alle wesentlichen Themen der Lerneinheit erfasst haben.

Zeitplan

Die Vorbereitung auf eine Klausur oder Prüfung will gut geplant sein. Um Ihnen die Planung zu erleichtern, haben wir nach der Mindmap eine Gliederung abgedruckt, mit deren Hilfe Sie Ihren individuellen Zeitplan erstellen können. Sie sehen die Gliederung des Stoffs in die Abschnitte (I. Mechanik der Massenpunkte, usw.) und die Lerneinheiten [LE-01] bis [LE-16]. Da die Wiederholungen keinen neuen Stoff enthalten, sind sie im Mechanik-Coach nicht abgebildet. In der dritten Spalte der Tabelle finden Sie die Überschriften der entsprechenden Kapitel in unserem Lehrbuch. Die vierte Spalte listet die allerwichtigsten Stichworte. Sie soll Ihnen helfen, die Themen in Ihren Materialien zu finden, falls Sie weder auf den Online-Kurs noch auf unser Lehrbuch zurückgreifen wollen. Dann folgt eine Spalte, die den ungefähren Umfang der Lerneinheiten in abstrakten Einheiten angibt. Wie viel Zeit einer solchen Einheit entspricht, hängt stark von Ihren Vorkenntnissen ab. Wenn Sie die Vorlesungen zur klassischen Mechanik bereits gehört haben, sollten Sie mit einem Tag pro Einheit zurechtkommen, selbst wenn Sie diese nur wenig nachgearbeitet haben. Es sind insgesamt rund 24 Einheiten. In der letzten Spalte können Sie Ihren individuellen Zeitplan eintragen. Arbeiten Sie Ihre persönlichen Randbedingungen, wie z. B. Omas Geburtstag, schon mal ein. Planen Sie alles bis zum Ende durch, so können Sie sicherstellen, dass Sie auch rechtzeitig zur Prüfung mit dem Stoff durch sind.

Mindmap

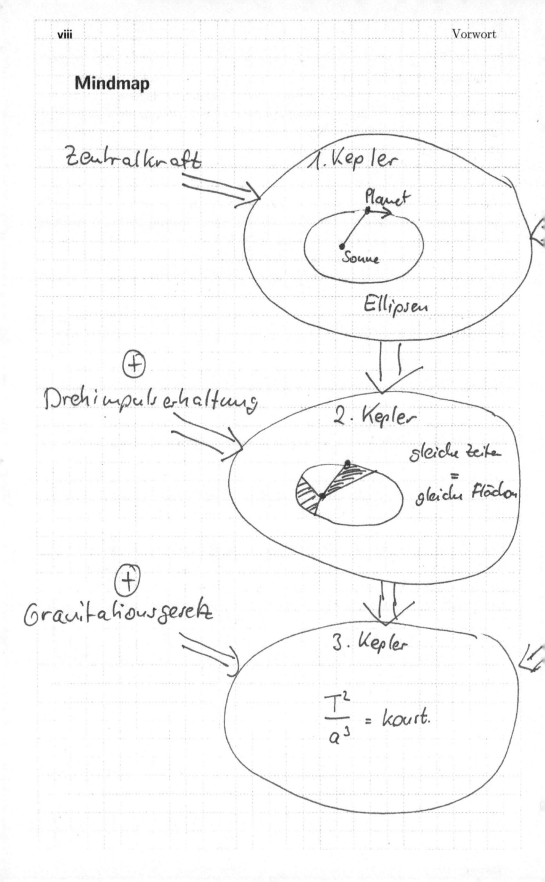

Zentralkraft

1. Kepler

Planet

Sonne

Ellipsen

$\oplus$

Drehimpulserhaltung

2. Kepler

gleiche Zeiten
=
gleiche Flächen

$\oplus$

Gravitationsgesetz

3. Kepler

$$\frac{T^2}{a^3} = konst.$$

Ellipse:

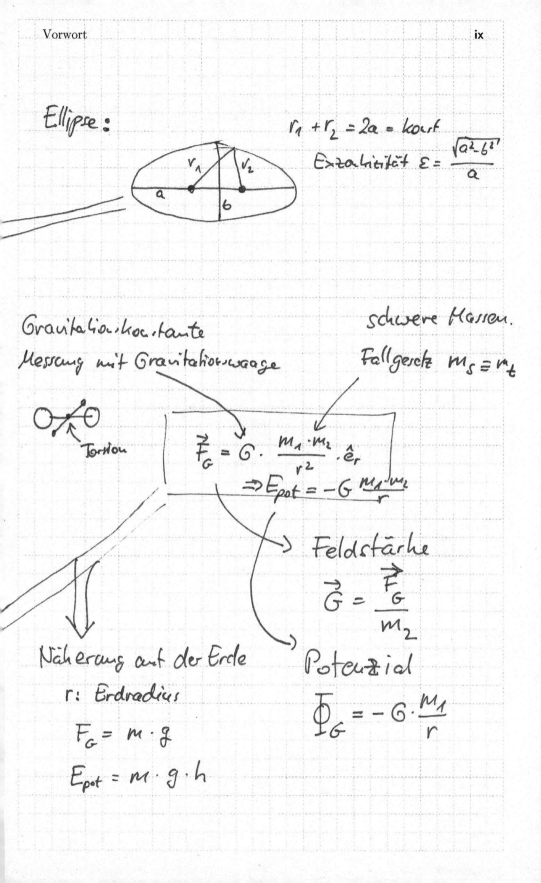

$r_1 + r_2 = 2a = konst$

Exzentrizität $\varepsilon = \dfrac{\sqrt{a^2 - b^2}}{a}$

Gravitationskonstante

Messung mit Gravitationswaage

schwere Massen.

Fallgesetz $m_s = m_t$

Torsion

$$\vec{F}_G = G \cdot \dfrac{m_1 \cdot m_2}{r^2} \cdot \hat{e}_r$$

$$\Rightarrow E_{pot} = -G \dfrac{m_1 \cdot m_2}{r}$$

Feldstärke

$$\vec{G} = \dfrac{\vec{F}_G}{m_2}$$

Näherung auf der Erde

r: Erdradius

$$F_G = m \cdot g$$

$$E_{pot} = m \cdot g \cdot h$$

Potenzial

$$\Phi_G = -G \cdot \dfrac{M_1}{r}$$

				Datum

I. Mechanik der Massenpunkte

1	[LE-01]	Einleitung Phys. Größen Messfehler Methodik	 Einheiten (SI-System) Fehlerangaben Abgrenzung des Stoffs	1 E	
2	[LE-02]	Kinematik des Massenpunkts	Ort, Geschwindigkeit, Beschleunigung,	1 E	
3	[LE-03]	Dynamik des Massenpunkts	Newton's Axiome Superposition	1 E	
4	[LE-04]	Arbeit und Energie	Arbeit, Energie, Leistung	1 E	
5	[LE-05]	Impuls	Impulserhaltung, Stoßgesetze	1 E	
6	[LE-06]	Scheinkräfte	Zentrifugalkraft, Corioliskraft	2 E	
7	[LE-07]	Himmelsmechanik	Kepler'sche Gesetze, Gravitation	1 E	
8	[LE-08]	Reibung	Haft-, Gleit-, Rollreibung	0,5 E	
9	[WH-A]	Wiederholung		1 E	

II. Mechanik starrer Körper

10	[LE-09]	Der starre Körper	Drehmoment, Statik	1 E	
11	[LE-10]	Drehbewegungen	Rotation, Drehimpuls, Kreiselbewegung	2 E	
12	[WH-B]	Wiederholung		1 E	

		III. Elastische Körper			
13	[LE-11]	Elastomechanik	Deformationen, Elastizitätsmodule	1 E	
14	[LE-12]	Hydro- und Aerostatik	Druck, Auftrieb, Grenzflächen	1 E	
15	[LE-13]	Hydro- und Aerodynamik	Strömungen, Reibung in Fluiden, dynamischer Auftrieb	2 E	
16	[WH-C]	Wiederholung		1 E	
		IV. Schwingungen und Wellen			
17	[LE-14]	Schwingungen	Einf. Schwingungen, gekoppelte Schwing., stehende Wellen	2 E	
18	[LE-15]	Wellen	Wellengleichung, Interferenz	1 E	
19	[LE-16]	Akustik	Schallwellen, Dopplereffekt	0,5 E	
16	[WH-D]	Wiederholung		0,5 E	
		Wiederholung			
18	[WH-X]	Wiederholung		2 E	

Inhaltsverzeichnis

Teil I

Mechanik der Massenpunkte

[LE-01] Über die Physik

Hier geht es zum entsprechenden Kapitel im Online-Kurs: sn.pub/Y8rf1a

Was haben Sie bereits erledigt?

☐ Wiederholung des Stoffs

☐ Kenntnis der wichtigsten Begriffe

☐ Mindmap erstellt

☐ Kontrollfragen

Lerneinheit begonnen am _____

© Der/die Autor(en), exklusiv lizenziert an Springer-Verlag GmbH, DE, ein Teil von
Springer Nature 2022
S. Roth, A. Stahl, *Der Mechanik-Coach*, https://doi.org/10.1007/978-3-662-63618-3_1

Zusammenfassung

Thema

Physik ist eine experimentelle Naturwissenschaft. Dies bedeutet,

- sie ist als Wissenschaft einer intersubjektiv nachvollziehbaren Suche nach Erkenntnissen verpflichtet;
- sie beschäftigt sich mit der Natur und zwar meist mit der unbelebten Natur;
- sie beruht auf Experimenten, denen sich die Modelle und Theorien zur Überprüfung stellen müssen.

Physikalische Größen

Physikalische Größen quantifizieren physikalische Beobachtungen. Sie werden durch eine Maßzahl (Zahlenwert) und eine Einheit angegeben. Wir verwenden das SI-System. Die mechanischen Einheiten basieren auf drei Basiseinheiten

Größe	Einheit	Formelzeichen
Zeit	Sekunde	s
Länge	Meter	m
Masse	Kilogramm	kg

Ferner sind die Größen des Winkels und des Raumwinkels für die Mechanik relevant. Die entsprechenden Einheiten sind der Radiant und Steradiant.

Zu jeder Einheit muss es ein Messverfahren geben, das die Einheit definiert. Die Sekunde ist als Schwingungsperiode eines Atomübergangs in bestimmten Cäsiumatomen festgelegt. Der Meter ist über die Lichtgeschwindigkeit definiert als die Strecke, die Licht im 299 792 458-ten Bruchteil einer Sekunde zurücklegt. Seit 2019 wird die Definition des Kilogramms auf das Planck'sche Wirkungsquantum zurückgeführt.

Messfehler

Jede Messung ist mit einer Unsicherheit (Fehler) behaftet. Keine Messung liefert den wahren Wert einer Größe. Dies drücken wir aus, indem wir neben dem Messwert und seiner Einheit zu jeder Messung einen Fehler angeben, z. B. als $h = (3,74 \pm 0.08)$ mm. Wert und Fehler sollten auf die gleiche Genauigkeit gerundet werden. Es macht wenig Sinn eine Ziffernfolge bis zu Stellen anzugeben, die den Fehler signifikant unterschreiten. Üblich ist es, auf eine oder zwei Stellen des Fehlers zu runden.

Wir unterscheiden statistische Fehler, die von Messung zu Messung streuen, und systematische Fehler, die wiederholte Messungen in gleicher Weise beeinflussen. Der statistische Fehler lässt sich durch wiederholte Messungen reduzieren, der systematische Fehler nicht.

Die Fehlerangaben sind in der Regel statistisch zu interpretieren. Sie geben einen Bereich an möglichen Werten an, innerhalb dessen der wahre Wert mit einer gewissen Wahrscheinlichkeit liegen sollte. Sofern nicht anders angegeben, beträgt diese Wahrscheinlichkeit 68 %, abgeleitet von der Standardabweichung der Normalverteilung.

Abgeleitete Größen sind physikalische Größen, die wir aus Messgrößen ableiten (berechnen). Da die Messgrößen fehlerbehaftet sind, sind dies auch die abgeleiteten Größen. Deren Fehler können wir durch Fehlerfortpflanzung bestimmen.

Methodik

Physikalische Modelle bzw. Theorien entstehen aus einem Wechselspiel aus Modellbildung und experimenteller Überprüfung. Aus der Sicht der Logik stellt die experimentelle Überprüfung einen deduktiven Schritt dar. Aus dem geltenden Modell (Theorie) leiten wir eine Vorhersage für das Experiment ab und überprüfen diese Vorhersage. Die Modellbildung stellt dagegen einen induktiven Schritt dar. Aus der Erfahrung (Experimenten) an vielen Einzelfällen entwickeln wir ein allgemeingültiges Modell. Dieser Schritt kann logisch nicht zwingend sein.

Bestätigt ein Experiment die gemachte Vorhersage, stellt dies keineswegs einen Beweis für die Korrektheit des Modells dar, aber es erhöht das Vertrauen in das Modell. Demgegenüber genügt ein einziges eindeutiges Experiment, dessen Ergebnis im Widerspruch zur Vorhersage steht (Falsifikation), um die Allgemeingültigkeit des Modells zu widerlegen.

Viele Modelle enthalten Natur- und Materialkonstanten, die von den Modellen selbst nicht vorhergesagt werden. Diese müssen experimentell bestimmt werden, bevor quantitative Vorhersagen aus dem Modell abgeleitet werden können. Den Experimenten fällt also eine zweifache Rolle zu: die Bestimmung der Natur- und Materialkonstanten und die Überprüfung der Modelle.

Jedes Modell und jede Theorie hat einen begrenzten Geltungsbereich. Der Geltungsbereich der klassischen Physik, innerhalb der wir uns hier bewegen, hat drei Grenzen:

- Die auftretenden Geschwindigkeiten müssen klein sein gegenüber der Lichtgeschwindigkeit, so dass Effekte wie die Zeitdilatation oder die Längenkontraktion vernachlässigbar sind.
- Die Konzentration der Massen muss so gering sein, dass Effekte der Raumkrümmung vernachlässigt werden können.
- Die Energie- und Impulsüberträge müssen so groß sein, dass Quanteneffekte vernachlässigbar sind.

Wichtige Begriffe

abgeleitete Größen	Physikalische Größen, die aus Messgrößen berechnet werden.
Deduktion	Logischer Schluss von allgemeinen Regeln auf einen Spezialfall.
Geltungsbereich	Abgrenzung der Situationen, auf die ein bestimmtes Modell angewandt werden darf.
Einheit	Maß physikalischer Größen.
Falsifikation	Widerlegung eines Modells durch ein experimentelles Resultat.
Fehlerfortpflanzung	Übertragung eines Messfehlers auf abgeleitete Größen.
Induktion	Logischer Schluss von einem Spezialfall auf allgemeine Sätze.
Kilogramm	SI Basiseinheit der Masse.
Maßzahl	Ziffernfolge in der Angabe einer physikalischen Größe.
Messfehler	Unsicherheit einer Messung.
Meter	SI Basiseinheit der Länge.
Naturkonstante	Allgemeine Größe in einem Modell, die nicht vorhergesagt werden kann.
Normalverteilung	Statistische Verteilung, die der Gauß'schen Glockenkurve folgt.
physikalische Größe	Quantifizierte Beobachtung.
Radiant	Einheit des ebenen Winkels.
Sekunde	SI Basiseinheit der Zeit.
statistischer Fehler	Anteil am Messfehler, der von Messung zu Messung streut.
Steradiant	Einheit des Raumwinkels.
systematischer Fehler	Anteil am Messfehler, der bei wiederholten Messungen dieselbe Abweichung vom wahren Wert bewirkt.

Experimente

Zu dieser Lerneinheit gibt es keine Experimente.

Mindmap

Notizen

Kontrolle

Hier finden Sie die flashcards. Üben Sie noch einmal! sn.pub/ZmUC0s

Folgende Aufgaben zum Abschluss des Kapitels:

☐ Was ist Physik?

☐ Nennen Sie die mechanischen Basiseinheiten des SI-Systems.

☐ Wie ist der Meter heute definiert? Kennen Sie historische Definitionen des Meters?

☐ Warum hat man sich 2019 entschieden, das Urkilogramm nicht mehr zu verwenden?

☐ Sie versuchen die Schwingungsperiode eines mathematischen Pendels mit einer Stoppuhr zu messen. Warum sollten Sie diese Messung mehrfach wiederholen?

☐ Man könnte meinen, dass sich die obige Messung durch beliebig häufige Wiederholung beliebig genau machen lässt. Warum ist dies nicht der Fall?

☐ Erklären Sie die Begriffe Induktion und Deduktion und nennen Sie jeweils ein Beispiel dazu.

☐ Was verstehen Physiker unter Falsifikation?

☐ Welche Grenzen hat die klassische Physik?

Lerneinheit beendet am _____

[LE-02] Kinematik eines Massenpunktes

Hier geht es zum entsprechenden Kapitel im Online-Kurs: sn.pub/wbMKgg.

Was haben Sie bereits erledigt?

- [ ] Wiederholung des Stoffs
- [ ] Kenntnis der wichtigsten Begriffe
- [ ] Mindmap erstellt
- [ ] Kontrollfragen

Lerneinheit begonnen am _____

S. Roth, A. Stahl, *Der Mechanik-Coach*, https://doi.org/10.1007/978-3-662-63618-3_2

Zusammenfassung

Der Massenpunkt

Der Massenpunkt ist eine Näherung realer Körper, die eine vereinfachte Beschreibung deren Bewegung erlaubt. Dabei nehmen wir an, dass die gesamte Masse des Körpers in seinem Schwerpunkt konzentriert ist. Die Eigenschaften sind:

realer Körper	Massenpunkt
massebehaftet	massebehaftet
ausgedehnt	punktförmig
strukturiert	strukturlos

Die Position eines Massenpunkts

Die Position eines Körpers im Raum wird durch seinen Ortsvektor $\vec{r}$ angegeben. In konkreten Fällen müssen Sie ein Koordinatensystem definieren (Position des Ursprungs, Richtung der Achsen), um in Bezug auf dieses Koordinatensystem die Koordinaten des Körpers angeben zu können. Dabei können unterschiedliche Koordinaten (kartesische, zylindrische, etc.) zum Einsatz kommen.

Geschwindigkeit

Die Geschwindigkeit $\vec{v}$ gibt an, wie schnell sich die Position eines Körpers im Raum verändert. Es handelt sich um eine vektorielle Größe, die folgendermaßen definiert ist:

$$\vec{v} = \frac{d\vec{r}}{dt} \ .$$

Bewegt sich der Körper in eine feste Richtung, so sprechen wir von einer geradlinigen Bewegung. In diesem Fall gilt für die Geschwindigkeit entlang dieser Richtung $v = dr/dt$.

Ist darüber hinaus der Betrag der Geschwindigkeit konstant, sprechen wir von einer gleichförmigen Bewegung. Dann lässt sich die Geschwindigkeit als $\vec{v} = \Delta\vec{r}/\Delta t$ bzw. $v = \Delta r/\Delta t$ berechnen.

Beschleunigung

Die Beschleunigung beschreibt die Veränderung der Geschwindigkeit. Sie ist definiert als:

$$\vec{a} = \frac{d\vec{v}}{dt} = \frac{d^2\vec{r}}{dt^2} \ .$$

Die Fälle gleichförmiger bzw. geradliniger Beschleunigung lassen sich analog zur Geschwindigkeit definieren.

Spezielle Bewegungen

Freier Fall

Ein Gegenstand fällt im Schwerefeld der Erde mit konstanter Beschleunigung zu Boden. Über die Beschleunigung sagt das Fallgesetz Folgendes aus:

Fallgesetz:

Alle Körper fallen gleich schnell.

Beachten Sie aber bitte, dass sich das Fallgesetz auf den reibungsfreien Fall bezieht.

Wurfbewegung

Beim freien Fall gehen wir von einer Situation aus, bei der der Gegenstand anfangs ruht. Bei einer Wurfbewegung hat er dagegen eine Anfangsgeschwindigkeit in eine beliebige Richtung. Die Bewegung, die daraus entsteht, nennt man eine Wurfparabel, denn die Bahnkurve ist eine Parabel.

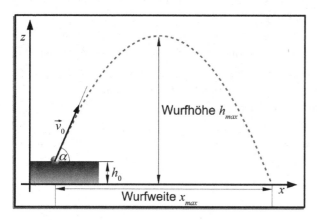

Abb. 1 Wurfbewegung

Kreisbewegung

Bewegt sich ein Körper auf einer Kreisbahn, so erfährt er eine gleichförmige Beschleunigung zum Mittelpunkt der Bahnkurve. Man nennt sie die Zentripetalbeschleunigung $\vec{a}_Z$. Sie steht immer senkrecht auf der Bahngeschwindigkeit $\vec{v}_B$, weshalb sich der Betrag von $\vec{v}_B$ nicht ändert. Es gilt $a_Z = v_B^2/r = \omega^2\, r$.

Wichtige Begriffe

Azimuth	Der Winkel zur x-Achse in Zylinder- Kugel- oder ähnlichen Koordinaten.
Bahnbeschleunigung	Beschleunigung in Richtung der Bewegung.
Bahnkurve	Der Weg, den ein Körper im Raum zurücklegt.
Beschleunigung	Zeitliche Änderung der Geschwindigkeit eines Objekts.
Bezugssystem	Koordinatensystem zur Angabe von Vektoren.
Bremsen	Negative Beschleunigung.
Durchschnittsgeschwindigkeit	Gemittelte Geschwindigkeit über einen bestimmten Zeitraum $\bar{v} = \Delta r / \Delta t$.
Geschwindigkeit	Zeitliche Änderung der Position eines Objekts.
gleichförmige Bewegung	Bewegung mit konstanter Geschwindigkeit.
geradlinige Bewegung	Bewegung in eine feste Richtung.
Kinematik	Beschreibung von Bewegungen.
Koordinatentransformation	Umrechnung von einem Bezugssystem in ein anderes.
Massenpunkt	Näherung eines realen Körpers durch einen massebehafteten Punkt.
Normalbeschleunigung	Beschleunigung senkrecht zur Bewegungsrichtung.
Ortsfunktion	Gibt die Position eines Körpers zu einem Zeitpunkt t an.
Polarwinkel	Der Winkel zur z-Achse in Kugelkoordinaten.
Volumen	Ausdehnung eines Körpers.
Weg-Zeit-Gesetz	Siehe Ortsfunktion.
Zentripetalbeschleunigung	Beschleunigung zum Mittelpunkt der Bahn bei Kreisbewegungen.

Experimente

Freier Fall

Ziel: Demonstration des Fallgesetzes

Methode: Wir vergleichen den Fall einer Bleikugel mit der einer Feder. In Luft könnte der Unterschied kaum größer sein. Während die Bleikugel so schnell fällt, dass wir sie kaum erkennen können, schwebt die Feder nur langsam zu Boden. Beide Objekte befinden sich in einer Glasröhre. Die Luft in der Röhre können wir mit einer einfachen Pumpe abpumpen.

Abb. 2 Der freie Fall in einer Vakuumröhre

Ergebnis: Nachdem wir die Luft aus der Röhre abgepumpt haben, fällt die Feder ebenso schnell wie die Bleikugel.

Weitere wichtige Experimente

- Geschossgeschwindigkeit
- Stroboskopaufnahme einer fallenden Kugel
- Fallbeschleunigung
- Freier Fall im Luftschatten
- Freier Fall mit der Fallmaschine
- Superposition mit der Eisenbahn
- Wurfparabel mit Wasserstrahl
- Superposition mit der Armbrust
- Superposition mit der Sprungschanze

Mindmap

Notizen

Kontrolle

Hier finden Sie die flashcards. Üben Sie noch einmal: sn.pub/B6G7fp!

Folgende Aufgaben zum Abschluss des Kapitels:

☐ Sie beschreiben einen realen Körper durch einen Massenpunkt. Welche Näherungen sind darin enthalten?

☐ Notieren Sie die allgemeine Definition der Geschwindigkeit eines Körpers am Ort $\vec{r}$. Wie vereinfacht sich die Formel im Falle einer geradlinigen Bewegung in Richtung $\hat{e}_v$ bzw. einer geradlinig gleichförmigen Bewegung in diese Richtung?

☐ Ein Wagen einer Achterbahn rollt die Startrampe hinunter und dann durch einen Looping. In welche Richtung zeigt die Beschleunigung an den jeweiligen Orten entlang seiner Bahn?

☐ Skizzieren Sie ein Experiment, das das Fallgesetz zeigt.

☐ Sie werfen eine Kugel in einem ebenen Gelände. Die Höhe des Abwurfs sei 2 m über dem Boden. Berechnen Sie die Wurfweite.

Lerneinheit beendet am _____

[LE-03] Dynamik eines Massenpunktes

Hier geht es zum entsprechenden Kapitel im Online-Kurs: sn.pub/Audc1r

Was haben Sie bereits erledigt?

☐ Wiederholung des Stoffs

☐ Kenntnis der wichtigsten Begriffe

☐ Mindmap erstellt

☐ Kontrollfragen

Lerneinheit begonnen am _____

Zusammenfassung

Das erste Newton'sche Axiom

Das erste Axiom behandelt den kräftefreien Fall. Es lautet:

1. Newton'sches Axiom / Trägheitsprinzip:

Ein Körper verharrt im Zustand der Ruhe oder der gleichförmigen Bewegung, sofern er nicht durch einwirkende Kräfte zur Änderung seines Zustands gezwungen wird.

Beachten Sie, dass dieses Axiom, wie auch die anderen beiden, nur in Inertialsystemen gilt. Man kann es gar als Definition und Anleitung zur Identifikation von Inertialsystemen verstehen: Ein Inertialsystem ist ein System, in dem ein Körper, der keiner Kraft ausgesetzt ist, in Ruhe verharrt bzw. sich geradlinig gleichförmig weiterbewegt.

Das zweite Newton'sche Axiom

Greifen an einem Körper Kräfte an, so ändert sich sein Bewegungszustand. Das zweite Axiom quantifiziert diese Bewegungsänderung:

2. Newton'sches Axiom / Aktionsprinzip:

Die Änderung der Bewegung einer Masse ist der Einwirkung der bewegenden Kraft proportional und geschieht nach der Richtung derjenigen geraden Linie, nach welcher jene Kraft wirkt.

In einer Formel ausgedrückt lautet es:

$$\vec{F} = m\,\vec{a}\ .$$

Eine Kraft, die auf einen Körper einwirkt, erzeugt eine dazu proportionale Beschleunigung. Man nennt es auch das Grundgesetz der Mechanik. Als Proportionalitätskonstante tritt die (träge) Masse des Körpers auf. Die hier gewählte Formulierung geht von einer konstanten Masse des beschleunigten Körpers aus. Ändert sich dessen Masse, indem er beispielsweise Treibstoff ausstößt, so ist eine allgemeinere Formulierung zu wählen:

$$\vec{F} = \frac{d\vec{p}}{dt} = \frac{d}{dt}\,(m\,\vec{v})\ .$$

Das dritte Newton'sche Axiom

Das dritte Axiom besagt schließlich, dass Kräfte eine Ursache haben und auf diese zurückwirken. Es lautet:

3. Newton'sches Axiom / Reaktionsprinzip:

Kräfte treten immer paarweise auf. Übt ein Körper A auf einen anderen Körper B eine Kraft aus (actio), so wirkt eine gleich große, aber entgegen gerichtete Kraft von Körper B auf Körper A (reactio).

Auch dieses Axiom kann man durch eine Formel ausdrücken:

$$\vec{F}_{AB} = -\vec{F}_{BA} \; ,$$

dabei ist $\vec{F}_{AB}$ die Kraft, die der Körper A auf den Körper B ausübt, und $\vec{F}_{BA}$ die rückwirkende Kraft, die Körper B auf A ausübt.

Superposition von Kräften

In vielen Situationen wirkt nicht nur eine einzelne Kraft auf einen Körper, sondern mehrere. In solchen Fällen wird die Wirkung auf den Körper durch die vektorielle Summe aller einwirkenden Kräfte bestimmt $\vec{F} = \sum_i \vec{F}_i$. Man spricht von einer Superposition der Kräfte. Umgekehrt kann man auch die Wirkung einer einzelnen Kraft in verschiedene Komponenten zerlegen, solange die vektorielle Summe der Komponenten wieder auf die ursprüngliche Kraft zurückführt.

Messungen von Kräften

Es gibt unterschiedliche Methoden Kräfte zu messen. Eine gängige Methode benutzt Federkraftmesser. Mit der zu messenden Kraft wird eine Feder gedehnt. Im elastischen Bereich (geringe Dehnung) ist die Dehnung proportional zur Kraft. Dies ist die Aussage des Hooke'schen Gesetzes $F = D\,s$. Messen Sie die Dehnung s, können Sie bei bekannter Federkonstanten D die Kraft berechnen. Die Einheit

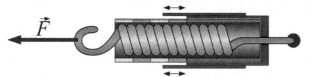

Abb. 3 Aufbau eines Federkraftmessers

der Kraft ist das Newton $1\,\mathrm{N} = 1\,\mathrm{kg\,m/s^2}$.

Wichtige Begriffe

absoluter Raum	Vorstellung eines festen Raums, in den das Universum gebettet ist (nicht zutreffend!).
actio	Bewegungsändernde Kraft auf einen Körper.
Aktionsprinzip	Siehe Grundgesetz der Mechanik.
Federkraftmesser	Gerät zum Messen von Kräften.
Federwaage	Waage, die mit einem Federkraftmesser die Gewichtskraft eines Objekts misst.
Grundgesetz der Mechanik	$\vec{F} = m\,\vec{a}$; Newtons zweites Axiom.
Hangabtrieb	Kraftkomponente parallel zur Unterlage an einer schiefen Ebene.
Hooke'sches Gesetz	Federkraft: $F = D\,s$.
Inertialsystem	Ein Bezugssystem, in dem Newtons erstes Axiom gilt.
Kraft	Einwirkung auf einen Körper, die seine Bewegung verändert.
Kräftegleichgewicht	Situation, in der die Summe aller angreifenden Kräfte verschwindet.
Kräfteparallelogramm	Geometrische Repräsentation der Superposition von Kräften.
Masse	Eigenschaft eines Körpers, die seinen Widerstand gegen Bewegungsänderungen beschreibt (träge Masse).
Normalkraft	Komponente der Kraft, die ein Körper senkrecht auf seine Unterlage ausübt.
reactio	Rückwirkung auf eine actio.
Reaktionsprinzip	Newtons drittes Axiom.
Trägheit	Widerstand eines Körpers gegen Bewegungsänderungen (Beschleunigungen).
Trägheitsprinzip	Newtons erstes Axiom.

Experimente

Das Grundgesetz der Mechanik

Ziel: Quantitative Demonstration des Grundgesetzes der Mechanik ($F = m\,a$).
Methode: Wir beschleunigen einen Schlitten auf einer Luftkissenbahn durch ein
angehängtes Gewicht m. Das Gewicht erzeugt eine konstante Kraft. Durch diese
Kraft wird der Schlitten beschleunigt. Nach einer gewissen Strecke erreicht das
Gewicht den Boden, so dass keine Kraft mehr ausgeübt wird. Der Schlitten be-
wegt sich mit konstanter Kraft weiter. Mit einer Lichtschranke messen wir seine
Geschwindigkeit. Sowohl die Masse des Schlittens als auch die beschleunigende
Kraft können durch das Auflegen von Gewichten erhöht werden.

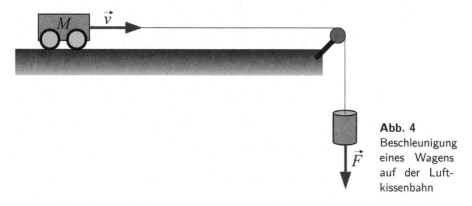

Abb. 4
Beschleunigung
eines Wagens
auf der Luft-
kissenbahn

Ergebnis: Aus $v = a\,t$ und $s = \frac{1}{2}\,a\,t^2$ bestimmen wir die Beschleunigung zu $a =$
$v^2/(2s)$. Unabhängig davon können wir sie als $a = F/(M + m)$ bestimmen. Ein
Vergleich zeigt die Gültigkeit des Grundgesetzes der Mechanik.

Weitere wichtige Experimente

- Trägheit einer schweren Kugel
- Trägheit am gedeckten Tisch
- Trägheit bei der Rotation
- Beschleunigung mit der Luftkissenbahn
- Reactio auf Skateboards
- Rückstoß vom Medizinball
- Wasserrakete
- Addition von Kräften.

Mindmap

Notizen

Kontrolle

Hier finden Sie die flashcards. Üben Sie noch einmal! sn.pub/1Xroo8

Folgende Aufgaben zum Abschluss des Kapitels:

☐ Sie befinden sich in einer fensterlosen Kabine eins Aufzugs. Wie können Sie feststellen, ob die Kabine ruht, sich mit konstanter Geschwindigkeit bewegt, oder gerade nach oben oder unten beschleunigt?

☐ Stellen Sie die Bewegungsgleichung für den Massenpunkt in der Skizze auf ($\vec{r} = (x,\, z)$). Die Gewichtskraft wirke entlang $-\hat{e}_z$.

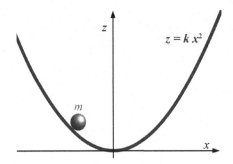

☐ Finden Sie ein Beispiel zum dritten Newton'schen Axiom. Geben Sie Betrag und Richtung der reactio an und beschreiben Sie deren Wirkung in Ihrem Beispiel.

☐ Nehmen Sie ein Blatt Papier und skizzieren Sie zwei beliebige Kräfte, die an einem Massenpunkt angreifen. Bestimmen Sie zeichnerisch die resultierende Kraft. Zeichnen Sie nun zwei beliebige Richtungen am Massenpunkt ein und zerlegen Sie die resultierende Kraft zeichnerisch in die Komponenten entlang dieser beiden Richtungen.

☐ Definieren Sie den Begriff der trägen Masse.

Lerneinheit beendet am _____

[LE-04] Arbeit und Energie

Hier geht es zum entsprechenden Kapitel im Online-Kurs: sn.pub/3Jy7Tm

Was haben Sie bereits erledigt?

☐ Wiederholung des Stoffs

☐ Kenntnis der wichtigsten Begriffe

☐ Mindmap erstellt

☐ Kontrollfragen

Lerneinheit begonnen am _____

Zusammenfassung

Arbeit

Müssen wir Kraft aufwenden, um ein Objekt zu bewegen, so sprechen wir davon, dass wir Arbeit an dem Objekt verrichten. Die Arbeit W ist sowohl proportional zur angreifenden Kraft $\vec{F}$, als auch zur zurückgelegten Strecke $\vec{s}$. Allgemein gilt die Definition:

$$W = \int_S \vec{F} \cdot d\vec{s} \,,$$

dabei ist S der Weg, entlang dessen sich das Objekt bewegt. Im Falle einer konstanten Kraft und eines geraden Wegs vereinfacht sich die Berechnung auf $W = \vec{F} \cdot \vec{s}$. Verrichten wir von außen Arbeit an einem Objekt, so werten wir diese Arbeit als positiv. Negativ ist sie, wenn der Körper Arbeit an seiner Umgebung verrichtet. Die Einheit der Arbeit ist das Joule: $1\,\mathrm{J} = 1\,\mathrm{kg}\,\mathrm{m}^2/\mathrm{s}^2$.

Energie

Unter der Energie eines Körpers oder eines Systems von Körpern verstehen wir die Fähigkeit dieses Systems Arbeit zu leisten. Sie können die Energie eines Systems erhöhen, indem Sie Arbeit an ihm verrichten, z. B. indem Sie es gegen die Schwerkraft anheben. Verrichtet das System dagegen Arbeit an seiner Umgebung, reduziert sich seine Energie. Ein System kann Energie in unterschiedlichen Formen speichern, z. B. als Bewegungsenergie (kinetische Energie), als Lageenergie (eine Form der potenziellen Energie) oder durch elastische Deformation seiner Bestandteile, wozu die Federenergie zählt. Häufig unterscheiden wir die kinetische Energie, die in der Bewegung der Massenpunkte des Systems gespeichert ist, von den anderen Energieformen (außer Wärme), die man dann potenzielle Energie nennt. Zur kinetischen Energie tragen sowohl Translations- wie auch Rotationsbewegungen bei.

Energieerhaltung

Wir definieren:

- **Offenes System**: Ein System, das sowohl Materie- als auch Energieaustausch mit der Umgebung erlaubt.
- **Geschlossenes System**: Ein System, das zwar Energieaustausch mit der Umgebung erlaubt, aber keinen Austausch von Materie.
- **Abgeschlossenes System**: Ein System, das weder Energie- noch Materieaustausch mit der Umgebung erlaubt.

Nun können wir den Energiesatz formulieren:

Energiesatz:

In einem abgeschlossenen System verändert sich die Summe aller Energieformen nicht.

Die Summe aller Energieformen beinhaltet auch die Wärme als Energieform. Tritt in einem System beispielsweise Reibung auf, so wird mechanische Energie in Wärme umgewandelt, die nur teilweise zurückverwandelt werden kann. Häufig interessiert uns die Frage, ob in einem System die Summe der Energieformen bereits ohne Berücksichtigung von Wärme erhalten ist. Dies führt auf den Begriff der konservativen Kräfte, die man über eine der folgenden drei Aussagen definieren kann. Treten ausschließlich konservative Kräfte auf, so:

- ist die Arbeit, die man verrichten muss, um einen Körper von einem beliebigen Ort A zu einem ebenfalls beliebigen Ort B zu bewegen, von der Wahl des Wegs unabhängig,

- ist die Arbeit, die man an einem Körper entlang eines geschlossenen Wegs verrichten muss, null,

- lässt sich jedem Ort eindeutig eine potenzielle Energie zuordnen.

Die drei Aussagen sind äquivalent, das bedeutet, dass wir aus jeder der drei Aussagen die anderen beiden zwingend ableiten können.

Unter einem Perpetuum Mobile erster Art verstehen wir eine Maschine, die ohne Energiezufuhr von außen ewig läuft und dabei Arbeit verrichtet. Man kann den Energiesatz auch so formulieren, dass es kein Perpetuum Mobile erster Art geben kann.

Unter einer Symmetrie verstehen wir in der Physik die Invarianz der Naturgesetze unter bestimmten Transformationen, wie z. B. Drehungen oder Verschiebungen im Raum. Im ersten Fall sprechen wir von der Isotropie des Raums (es sind keine Richtungen ausgezeichnet), im zweiten Fall von der Homogenität des Raums (es sind keine Orte ausgezeichnet). In der theoretischen Physik lernen Sie, dass jede solche Symmetrietransformation mit einem Erhaltungssatz verknüpft ist (Noether-Theorem). Der Energiesatz beruht auf der Homogenität der Zeit.

Leistung

Von der Arbeit kommen wir zum Begriff der Leistung. Die Leistung P gibt die Arbeit an, die in einer Zeiteinheit verrichtet wird:

$$P = \frac{dW}{dt} \, ,$$

was sich auf $P = W/t$ vereinfacht, falls die Arbeit zeitlich konstant ist. Die Einheit der Leistung ist das Watt $1\,\mathrm{W} = 1\,\mathrm{J/s} = 1\,\frac{\mathrm{kg\,m^2}}{\mathrm{s^3}}$.

Wichtige Begriffe

abgeschlossenes System	Ein System, das weder Materie noch Energie mit der Umgebung austauschen kann.
Arbeit	$W = \int_S \vec{F} \cdot d\vec{s}$.
dissipative Kraft	Eine Kraft, die einem System Energie entzieht. Sie wandelt diese Energie in Wärme um.
Energie	Die Fähigkeit eines Systems Arbeit zu verrichten.
Federenergie	Energie gespeichert in der elastischen Deformation einer Feder oder andere Körper.
Flaschenzug	Mechanische Maschine, die das Heben von Lasten erleichtert.
geschlossenes System	System, das zwar Energie, aber keine Materie mit der Umgebung austauschen kann.
Hebel	Mechanische Maschine, die den Krafteinsatz verändert.
Hooke'sches Gesetz	Kraftgesetz für Federn: $F = D\,s$.
Joule	Einheit der Arbeit: $1\mathrm{J} = 1\,\frac{\mathrm{kg\,m}^2}{\mathrm{s}^2}$.
kinetische Energie	Energie gespeichert in der Bewegung der Objekte.
konservative Kraft	Kraft, die einem System keine Energie entzieht.
Lageenergie	Potenzielle Energie im Schwerefeld der Erde.
Leistung	$P = \frac{dW}{dt}$.
offenes System	System, das im Energie- und Materieaustausch mit der Umgebung steht.
potenzielle Energie	Überbegriff für Energieformen, die weder der kinetischen Energie noch der Wärme zuzuordnen sind.
Symmetrie	Eine Transformation, unter der sich das Verhalten eines Systems nicht verändert.
Wärme	Energieform, die auf die ungeordnete Bewegung von Atomen oder Molekülen in Stoffen zurückgeht.

Experimente

Flaschenzüge

Ziel: Die Aufbauten zeigen, dass das Produkt aus Kraft und Weg für das Heben einer Last unabhängig von den eingesetzten Flaschenzügen ist.

Methode: Wir haben mehrere Flaschenzüge aufgebaut (siehe Abbildungen), mit denen wir jeweils dasselbe Gewicht anheben. Wir ziehen mit einer Federwaage an der Schnur und messen dabei sowohl die notwendige Kraft als auch die Strecke (Kraftweg), die wir ziehen müssen, um das Gewicht um eine feste Höhe anzuheben.

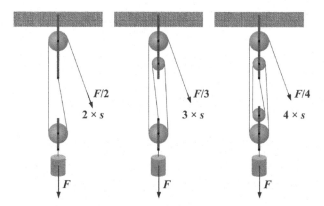

Abb. 5 Verschieden Flaschenzüge zum Heben einer Last

Ergebnis: Je mehr Rollen zum Einsatz kommen, desto geringer ist die Kraft, die wir einsetzen müssen, um das Gewicht anzuheben. Aber gleichzeitig wächst der Kraftweg an. Eine quantitative Auswertung zeigt, dass das Produkt aus Kraft und Kraftweg für alle Flaschenzüge denselben Wert ergibt.

Weitere wichtige Experimente

- Energieumwandlung mit Dynamo
- Energieerhaltung am Pendel
- Trinkente

Mindmap

Notizen

Kontrolle

Hier finden Sie die flashcards. Üben Sie noch einmal! sn.pub/VZInds

Folgende Aufgaben zum Abschluss des Kapitels:

☐ Ein Wagen wird reibungsfrei eine schiefe Ebene hinaufgezogen. Berechnen Sie die Kraft und die dabei verrichtete Arbeit.

☐ Nennen Sie wenigstens drei Energieformen und geben sie für jede Energieform ein konkretes Beispiel an.

☐ Skizzieren Sie den Einsatz eines Hebels zum Heben einer Last. Geben Sie die notwendige Kraft und den Kraftweg an.

☐ Wie lautet der Energiesatz? In welchen Systemen gilt er?

☐ Sie haben gelernt, dass sich jedem Ort eindeutig eine potenzielle Energie zuordnen lässt, sofern ausschließlich konservative Kräfte auftreten. Stellen Sie sich einen Radfahrer vor, der reibungsfrei durch eine Hügellandschaft fährt. Geben Sie eine Formel für seine potenzielle Energie an. Was lässt sich über die Arbeit aussagen, die der Radfahrer auf einem Weg vom Ort A zum Ort B verrichten muss.

☐ Ein PKW beschleunigt mit konstanter Leistung von 80 km/h auf 120 km/h. Ist die Beschleunigung dann konstant?

Lerneinheit beendet am _____

[LE-05] Impuls

Hier geht es zum entsprechenden Kapitel im Online-Kurs: sn.pub/aS5v92

Was haben Sie bereits erledigt?

☐ Wiederholung des Stoffs

☐ Kenntnis der wichtigsten Begriffe

☐ Mindmap erstellt

☐ Kontrollfragen

Lerneinheit begonnen am _____

S. Roth, A. Stahl, *Der Mechanik-Coach*, https://doi.org/10.1007/978-3-662-63618-3_5

Zusammenfassung

Impulserhaltung

Der Impuls ist eine wichtige Erhaltungsgröße in vielen physikalischen Situationen. Aus den Newton'schen Axiomen folgt:

Impulssatz:

In einem System, in dem nur innere Kräfte wirken, ist der Gesamt-impuls erhalten.

Im Noether'schen Sinne folgt der Impulssatz aus der Homogenität (Translations-invarianz) des Raums.

Schwerpunktsatz

Um die Bewegung eines Systems von Massenpunkten (diskrete Massenpunkte oder kontinuierliche Massenverteilung) zu beschreiben, führt man den Massenmittel-punkt ein. Er ist definiert als:

$$\vec{r}_{\mathrm{MM}} = \frac{\sum_i m_i \vec{r}_i}{\sum_i m_i} = \frac{\int_V \vec{r}\,dm}{\int_V dm}\,.$$

Für den Massenmittelpunkt gilt der Schwerpunktsatz.

Schwerpunktsatz:

Bei Abwesenheit äußerer Kräfte bewegt sich der Massenmittelpunkt geradlinig und gleichförmig.

Treten dagegen äußere Kräfte auf, so berechnet sich die Bewegung des Massen-mittelpunkts aus:

$$M\,\vec{a}_{\mathrm{MM}} = \sum_i \vec{F}_i\,.$$

Die Gesamtmasse des Systems haben wir mit M bezeichnet. $\vec{F}_i$ sind die äußeren Kräfte auf die Massenpunkte i. Der Massenmittelpunkt bewegt sich also so, als würden die äußeren Kräfte alle an ihm angreifen.

Konzeptionell ist der Massenmittelpunkt vom Schwerpunkt, dem Punkt an dem man einen Körper unterstützen muss, um ihn im Gleichgewicht zu halten, zu unter-scheiden. Es stellt sich allerdings heraus, dass Massenmittelpunkt und Schwer-punkt in allen Fällen zusammenfallen.

Stoßgesetze

Die Stoßgesetze beschreiben die Bewegung von Körpern, die gegeneinander stoßen. Neben den inneren Kräften während des Stoßes treten in der Regel keine weiteren Kräfte auf. Die Bewegung hängt von unterschiedlichen Faktoren ab. Deshalb ist es wichtig, die Bewegungen zunächst zu klassifizieren. Wir unterscheiden sie nach

- der Anzahl der Stoßpartner,
- der Anzahl der Bewegungsmöglichkeiten (in einer, zwei oder drei Raumdimensionen),
- der Elastizität (elastisch, inelastische, total inelastisch),
- den Massen der Stoßpartner (gleich oder verschieden)
- und den Anfangsbedingungen (teilweise ruhend?).

Die Erhaltungssätze der Energie und des Impulses schränken die Bewegungen nach dem Stoß ein. Auf ihnen beruht die Berechnung der Bewegungen.

Systeme mit veränderlichen Massen

Die Impulserhaltung gilt auch für Systeme mit veränderlichen Massen $M(t)$. Wir müssen zur Berechnung der Bewegung allerdings von der verallgemeinerten Form des Grundgesetzes ausgehen:

$$\vec{F} = \frac{d\vec{p}}{dt} \ .$$

Es ergibt sich:

$$M\,\vec{a} = \vec{F}_{\text{ext}} + \frac{dM}{dt}\,\vec{v}_{\text{rel}} \ ,$$

dabei ist dM der Massenzuwachs und $\vec{v}_{\text{rel}}$ die Relativgeschwindigkeit zwischen dem System und der aufgenommenen Masse dM.

Der Kraftstoß

Der Kraftstoß T gibt die Impulsänderung während eines Stoßes an. Er ist definiert als:

$$T = \int\limits_{\Delta t} \vec{F}\,dt = \Delta\vec{p} \ .$$

Wichtige Begriffe

ballistisches Pendel	Messanordnung zur Bestimmung von Geschossgeschwindigkeiten.
elastischer Stoß	Stoß, bei dem die kinetische Energie erhalten bleibt.
Grundgesetz der Mechanik	$\vec{F} = m\,\vec{a}$, bzw. in der allgemeinen Form $\vec{F} = d\vec{p}/dt$.
Impuls	$\vec{p} = m\,\vec{v}$
Impulserhaltung	$\sum \vec{p}_i$ = konst., falls keine äußeren Kräfte auftreten.
inelastischer Stoß	Stoß, bei dem die kinetische Energie teilweise verloren geht.
Massenmittelpunkt	Punkt, an dem die äußeren Kräfte auf ein System von Massenpunkten scheinbar angreifen.
Kraftstoß	Gibt die Impulsänderung bei einem Stoß an.
Raketengleichung	Bewegungsgleichung eines Objekts, das durch den Ausstoß von Masse beschleunigt, z. B. eine Rakete.
Stoßprozess	Bewegung, bei der sich Massenpunkte stoßen, um sich anschließend frei weiterzubewegen.
total inelastischer Stoß	Stoß, bei dem die kinetische Energie soweit möglich umgewandelt wird.

Experimente

Impulserhaltung

Ziel: Quantitativer Nachweis der Impulserhaltung.

Methode: Wir betrachten zwei Wagen auf der Luftkissenbahn. Sie sind anfänglich in Ruhe. Zwischen den beiden Wagen befindet sich eine gespannte Feder. Wird diese ausgelöst, so stoßen sich die Wagen voneinander ab. Mit einer Lichtschranke bestimmen wir deren Geschwindigkeit. Wir wiederholen das Experiment mehrfach mit unterschiedlichen Gewichten auf den Wagen.

Abb. 6 Schematische Darstellung der Ausgangssituation

Ergebnis: Je nach Gewicht auf den Wagen erhalten wir unterschiedliche Geschwindigkeiten. Aber in allen Fällen ist das Produkt aus Masse und Geschwindigkeit zwischen den beiden Wagen gleich.

Weitere wichtige Experimente

- Ballistisches Pendel
- Raketenwagen

Mindmap

Notizen

Kontrolle

Hier finden Sie die flashcards. Üben Sie noch einmal! sn.pub/JE7GWW

Folgende Aufgaben zum Abschluss des Kapitels:

☐ Leiten Sie den Impulssatz aus den Newton'schen Axiomen ab.

☐ In welche Kategorien lassen sich die Stoßgesetze einteilen? Geben Sie eine vollständige Liste an. Definieren Sie die Kriterien der Einteilung.

☐ Greifen Sie zufällig ein Beispiel eines Stoßes zweier Körper heraus und berechnen Sie die Bewegung der Körper nach dem Stoß.

☐ Ein Körper der Masse m stößt mit einem ruhenden Körper gleicher Masse in einer Dimension. Beschreiben Sie die Bewegung nach einem elastischen, inelastischen und total inelastischen Stoß.

☐ Betrachten Sie den elastischen Stoß eines Körpers der Masse m_1 mit einem ruhenden Körper der Masse m_2 in einer, zwei und drei Dimensionen. Wie viele Freiheitsgrade sehen Sie in der Bewegung nach dem Stoß?

☐ Definieren Sie den Kraftstoß. Geben Sie ein Beispiel an, für das Sie den Kraftstoß bestimmen.

Lerneinheit beendet am _____

[LE-06] Scheinkräfte

Hier geht es zum entsprechenden Kapitel im Online-Kurs: sn.pub/NNZcWq

Was haben Sie bereits erledigt?

☐ Wiederholung des Stoffs

☐ Kenntnis der wichtigsten Begriffe

☐ Mindmap erstellt

☐ Kontrollfragen

Lerneinheit begonnen am _____

Zusammenfassung

Ansatz

Versuchen Sie, Bewegungen in Bezug auf ein Koordinatensystem zu beschreiben, das kein Intertialsystem darstellt, so gilt Newtons Grundgesetz der Mechanik in seiner ursprünglichen Form nicht. Um es weiterhin anwenden zu können, müssen Sie den realen Kräften Scheinkräfte hinzufügen:

$$\vec{F}_{\text{real}} + \vec{F}_{\text{Schein}} = m\,\vec{a}$$

Scheinkräfte sind Artefakte der Beschreibung der Bewegung in Bezug auf das Nichtintertialsystem. Sie haben keine reale Ursache (keinen Körper, von dem sie ausgehen) und sie lösen keine Reactio aus. Je nach Beschleunigung des Bezugssystems treten unterschiedliche Scheinkräfte auf.

Geradlinig beschleunigte Bezugssysteme

Wird ein Bezugssystem S' gegenüber einem Inertialsystem S mit der Beschleunigung $\vec{a}_S$ geradlinig beschleunigt, so tritt eine Scheinkraft

$$\vec{F}_{\text{Schein}} = -m\,\vec{a}_S$$

auf.

Rotierende Bezugssysteme

In einem Bezugssystem S', das gegenüber einem Inertialsystem S rotiert, treten zwei weitere Scheinkräfte auf, die Zentrifugalkraft und die Corioliskraft.

Die Zentrifugalkraft

Die Zentrifugalkraft wirkt auf alle Körper in einem rotierenden Bezugssystem. Sie ist immer von der Drehachse radial nach außen gerichtet. Sie nimmt mit der Rotationsgeschwindigkeit und mit dem radialen Abstand ρ von der Drehachse zu. Man kann sie gleichermaßen durch die Winkelgeschwindigkeit ω wie durch die Bahngeschwindigkeit $v_\varphi = \omega\rho$ ausdrücken. Es ist:

$$\vec{F}_{\text{Z}} = m\,\omega^2\,\rho\,\hat{e}_\rho = m\,\frac{v_\varphi^2}{\rho}\,\hat{e}_\rho\,.$$

Dabei haben wir Zylinderkoordinaten mit der Drehachse als z-Achse verwendet, d. h. ρ ist der senkrechte Abstand zur Drehachse und v_φ ist die Komponente der

Bahngeschwindigkeit in Richtung $\hat{e}_\varphi$. Alternativ kann man die Zentrifugalkraft über Vektorprodukte ausdrücken:

$$\vec{F}_Z = m\,\vec{\omega} \times \left(\vec{r}\,' \times \vec{\omega}\right) \ .$$

Wichtig: Für einen in S' ruhenden Körper sind Zentrifugal- und Zentripetalkraft entgegengesetzt gleich groß. Trotzdem ist die Zentrifugalkraft nicht die Reactio auf die Zentripetalkraft. Die Zentrifugalkraft ist eine Scheinkraft. Sie hat keine Reactio.

Die Corioliskraft

Bewegt sich ein Körper in einem rotierenden Bezugssystem mit der Geschwindigkeit $\vec{v}\,'$, so tritt zusätzlich die Corioliskraft auf. Sie ist gegeben durch:

$$\vec{F}_C = 2m\,\vec{v}\,' \times \vec{\omega} \ .$$

Man kann drei Spezialfälle unterscheiden, aus denen sich der allgemeine Fall zusammensetzen lässt.

Radiale Bewegung: Die Corioliskraft wirkt entlang der Bahngeschwindigkeit. Bewegt sich der Körper nach außen, zeigt sie in Richtung der Bahngeschwindigkeit, bei Bewegung nach innen entgegen.

Tangentiale Bewegung: Die Corioliskraft wirkt in Richtung der Zentrifugalkraft. Bewegt sich der Körper in Richtung der Bahngeschwindigkeit, verstärkt die Corioliskraft die Zentrifugalkraft, bei Bewegung gegen die Bahnrichtung schwächt sie diese.

Axiale Bewegung: Es tritt keine Corioliskraft auf.

Sie sollten sich Stärke und Richtung der Corioliskraft anhand von Beispielen klar machen!

Absolute Ruhe und Bewegung

Relativitätsprinzip:

Die Gesetze, nach denen sich die Zustände der physikalischen Systeme ändern, sind unabhängig davon, auf welches von zwei relativ zu einander in gleichförmiger Translationsbewegung befindliche Koordinatensysteme diese Zustandsänderungen bezogen werden.

Dies impliziert, dass es nicht möglich ist, aus allen sich in gleichförmiger Translationsbewegung zueinander befindlichen Inertialsystemen eines als absolut ruhend zu identifizieren. Jedes Messverfahren, das dies leisten könnte, würde dem Relativitätsprinzip widersprechen.

Wichtige Begriffe

Absolute Ruhe	Ein Körper, der im Universum ruht. Doch das Relativitätsprinzip besagt, dass man nicht feststellen kann, welcher Körper ruht. (Die Idee absoluter Ruhe geht auf Newton zurück).
Corioliskraft	Scheinkraft in einem rotierenden Bezugssystem. Sie tritt zusätzlich zur Zentrifugalkraft auf, wenn sich ein Körper im rotierenden Bezugssystem bewegt.
Inertialsystem	Ein Bezugssystem, in dem das Grundgesetz der Mechanik in seiner ursprünglichen Form $\vec{F} = m\,\vec{a}$ gilt, d. h., in dem keine Scheinkräfte auftreten.
Relativitätsprinzip	Besagt, dass alle Inertialsysteme gleichwertig sind.
Scheinkraft	Artefakt der Beschreibung einer Bewegung in einem Nichtinertialsystem. Es gilt $m\,\vec{a} = \vec{F}_{\text{real}} + \vec{F}_{\text{Schein}}$.
Trägheitskraft	Synonym zu Scheinkraft.
Winkelgeschwindigkeit	Gibt die Geschwindigkeit einer Rotation in Radiant pro Zeiteinheit an.
Zentrifugalkraft	Scheinkraft in einem rotierenden Bezugssystem. Sie wirkt auf jeden Körper radial nach außen.
Zentripetalkraft	Reale Kraft, die einen Körper auf einer Kreisbahn hält.

Experimente

Foucault'sches Pendel

Ziel: Demonstriert die Wirkung der Corioliskraft aufgrund der Erdrotation auf ein Pendel.

Methode: Ein Fadenpendel wird angestoßen und über längere Zeit (Stunden) beobachtet. Ein langes Pendel mit einem schweren Pendelkörper ist notwendig, um die Dämpfung durch die Luftreibung soweit zu reduzieren, dass das Pendel lange genug schwingt.

Abb. 7 Ein Foucault'sches Pendel

Ergebnis: Die Schwingungsebene des Pendels dreht sich allmählich. An den Polen um 360° in einem Tag. An anderen Orten ist die Drehung langsamer. Sie beträgt:

$$\omega_{\text{Foucault}} = \omega_{\text{Erde}} \sin \varphi_B \ ,$$

wobei ω_{Erde} die Winkelgeschwindigkeit der Erdrotation ($\approx 2\pi/\text{Tag}$) und φ_B die geografische Breite des Orts auf der Erdoberfläche ist.

Weitere wichtige Experimente

- Messung des Gewichts in einem Aufzug
- Die Oberfläche rotierender Flüssigkeiten
- Abplattung der Erde

Mindmap

Notizen

Kontrolle

Hier finden Sie die flashcards. Üben Sie noch einmal! sn.pub/QV1wNb

Folgende Aufgaben zum Abschluss des Kapitels:

☐ Formulieren Sie das Newton'sche Grundgesetz der Mechanik in einem Nichtinertialsystem. Definieren Sie möglichst exakt die auftretenden Scheinkräfte.

☐ Finden Sie drei Beispiele für geradlinig beschleunigte Bezugssysteme. Geben Sie für jedes Beispiel die Scheinkraft auf einen im beschleunigten System befindlichen Körper an.

☐ Finden Sie drei Beispiele, in denen man die Wirkung der Zentrifugalkraft erkennen kann.

☐ Finden Sie ebenfalls drei Beispiele von Bewegungen auf der Erde, die von der Corioliskraft beeinflusst werden. Welche Richtung hat die Corioliskraft in diesen Beispielen?

☐ Bauen Sie ein Foucault'sche Pendel aus alltäglichen Gegenständen in ihrer Umgebung. In welche Richtung sollte sich die Schwingungsebene des Pendels drehen?

☐ Formulieren Sie das Relativitätsprinzip. Aufgrund des Relativitätsprinzips lässt sich kein Bezugssystem als absolut ruhend auszeichnen. Skizzieren Sie die Argumente, die zu dieser Schlussfolgerung führen.

Lerneinheit beendet am _____

[LE-07] Himmelsmechanik

Hier geht es zum entsprechenden Kapitel im Online-Kurs: sn.pub/W8slSb

Was haben Sie bereits erledigt?

☐ Wiederholung des Stoffs

☐ Kenntnis der wichtigsten Begriffe

☐ Mindmap erstellt

☐ Kontrollfragen

Lerneinheit begonnen am _____

Zusammenfassung

Gravitation

Die Bewegung der Himmelskörper wird durch dieselben Gesetze beschrieben wie die Bewegungen auf der Erde. Durch die anziehende Wirkung der Gravitationskraft

- sind Planeten auf ihren Bahnen um ihr Zentralgestirn gebunden;
- sind Monde auf ihren Bahnen um ihren Planeten gebunden;
- wird die Bahn von Kometen bestimmt;
- usw.

Die Gravitation ist eine konservative Zentralkraft. Das Newton'sche Gravitationsgesetz lautet:

$$\vec{F}_G = G\,\frac{m_1\,m_2}{r^2}\,\hat{e}_r\ .$$

Nähert man die Gravitationskraft, die die Erde auf Körper an ihrer Oberfläche ausübt ($r \approx r_E$, mit dem Radius r_E der Erde), so ergibt sich die Gewichtskraft des Körpers:

$$\vec{F}_G = m\,\vec{g}\ .$$

Planetenbahnen

Die Bewegung der Planeten um die Sonne wird durch die Kepler'schen Gesetze beschrieben. Dabei wird die Sonne als unendlich schwer und damit ortsfest angenommen und die gegenseitige Beeinflussung der Planeten vernachlässigt. Das erste Kepler'sche Gesetz lautet:

1. Kepler'sches Gesetz:

Die Planeten bewegen sich auf Ellipsen, in deren einem Brennpunkt die Sonne steht.

Das zweite Kepler'sche Gesetz bestimmt, wie sich die Geschwindigkeit des Planeten bei einem Umlauf verändert. Es geht zurück auf den Erhaltungssatz des Drehimpulses. Es lautet:

2. Kepler'sches Gesetz:

Der Fahrstrahl von der Sonne zum Planeten überstreicht in gleichen Zeiten gleiche Flächen.

Schließlich bestimmt das dritte Kepler'sche Gesetz die Umlaufzeit eines Planeten:

3. Kepler'sches Gesetz:

Die Quadrate der Umlaufzeiten der Planeten verhalten sich wie die dritten Potenzen der großen Halbachsen.

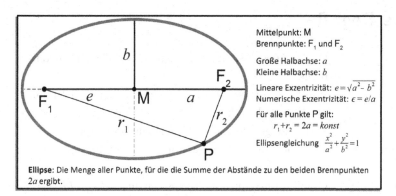

Mittelpunkt: M
Brennpunkte: F$_1$ und F$_2$

Große Halbachse: a
Kleine Halbachse: b

Lineare Exzentrizität: $e = \sqrt{a^2 - b^2}$
Numerische Exzentrizität: $\epsilon = e/a$

Für alle Punkte P gilt:
$r_1 + r_2 = 2a = konst$

Ellipsengleichung $\frac{x^2}{a^2} + \frac{y^2}{b^2} = 1$

Ellipse: Die Menge aller Punkte, für die die Summe der Abstände zu den beiden Brennpunkten $2a$ ergibt.

Abb. 8
Eigenschaften
einer Ellipse

Feldstärke und Potenzial

Die gravitative Anziehung zwischen zwei Körpern lässt sich durch die Gravitationskraft und die potenzielle Energie beschreiben. In die Formeln gehen die Massen beider Körper symmetrisch ein. Manchmal interessieren wir uns allerdings für eine Situation, die durch einen Körper bestimmt wird. In diesem Fall sind die Begriffe Feldstärke und Potenzial für die Beschreibung besser geeignet. Wir erhalten sie, indem wir Kraft und potenzielle Energie durch die Masse des zweiten Körpers dividieren, so dass die Abhängigkeit von der Masse des zweiten Körpers entfällt. Die Feldstärke $\vec{G}$ (nicht zu verwechseln mit der Gravitationskonstanten G) ist definiert durch ($m_1 = M$, $m_2 = m$)

$$\vec{G} = \frac{\vec{F}_G}{m} = G\,\frac{M}{r^2}\,\hat{e}_r$$

und das Gravitationspotenzial Φ_G als

$$\Phi_G = \frac{E_{\text{pot}}}{m} = -G\,\frac{M}{r}\,.$$

Schwere und träge Masse

Schwere und träge Masse beschreiben zwei unterschiedliche Eigenschaften eines Körpers, nämlich den Widerstand gegen Bewegungsänderungen (träge Masse) und die Stärke, mit der die Gravitation auf ihn wirkt (schwere Masse). Aus dem Fallgesetz lernen wir, dass schwere und träge Masse für alle Körper gleich sind.

Wichtige Begriffe

Aphel	Ort größter Entfernung zur Sonne auf einer Planeten-bahn.
Ellipse	Punkte konstanter Entfernung $r_1 + r_2$ zu zwei Brenn-punkten in der Ebene.
Fahrstrahl	Verbindungslinie von der Sonne zum Planeten.
Fallbeschleunigung	Gibt die Stärke der Gravitation an der Erdoberfläche an ($\vec{F}_G = m\,\vec{g}$).
Feldstärke	Gravitationskraft auf eine Einheitsmasse ($\vec{G} = \vec{F}_G/m$)
Gravitationsgesetz	Von Newton entdeckt; beschreibt die Gravitationskraft ($\vec{F}_G = G\,\frac{m_1\,m_2}{r^2}\,\hat{e}_r$)
Gravitationskonstante	Naturkonstante G: Bestimmt die Stärke der Gravitationskraft.
Gravitationspotenzial	Potenzielle Energie einer Einheitsmasse durch die Gravitation einer anderen Masse ($\Phi_G = -G\,M/r$).
Gravitationswaage	Messapparatur zur Bestimmung der Gravitationskonstanten.
heliozentrisches System	Koordinatensystem zur Beschreibung der Planetenbewegung mit der Sonne im Mittelpunk (Ursprung des Koordinatensystems).
Perihel	Ort geringster Entfernung zur Sonne auf einer Planetenbahn.
schwere Masse	Physikalische Eigenschaft eines Körpers: beschreibt die Wirkung der Gravitation auf ihn.
träge Masse	Physikalische Eigenschaft eines Körpers: beschreibt seinen Widerstand gegen Bewegungsänderungen.

Experimente

Gravitationswaage

Ziel: Messung der Gravitationskonstanten.

Methode: Messung der Kraft zwischen zwei Kugel, die an einem Torsionsfaden drehbar aufgehängt sind, und zwei fest installierten Kugeln.

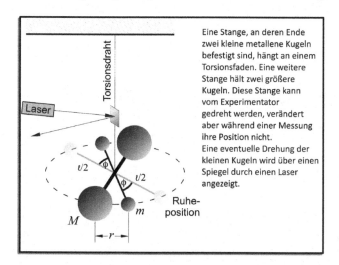

Eine Stange, an deren Ende zwei kleine metallene Kugeln befestigt sind, hängt an einem Torsionsfaden. Eine weitere Stange hält zwei größere Kugeln. Diese Stange kann vom Experimentator gedreht werden, verändert aber während einer Messung ihre Position nicht. Eine eventuelle Drehung der kleinen Kugeln wird über einen Spiegel durch einen Laser angezeigt.

Abb. 9 Aufbau einer Gravitationswaage

Ergebnis: $G \approx 6,7 \cdot 10^{-11} \frac{m^3}{kg\,s^2}$

Weitere wichtige Experimente

- Beobachtung der Planetenbewegungen
- Messungen der Gewichtskraft, z. B. mit einer Federwaage
- Fallexperimente zum Fallgesetz

Mindmap

Notizen

Kontrolle

Hier finden Sie die flashcards. Üben Sie noch einmal! sn.pub/RfuqZH

Folgende Aufgaben zum Abschluss des Kapitels:

☐ Nennen Sie die Kepler'schen Gesetze (ungefährer Wortlaut!). Definieren Sie die auftretenden Begriffe (Ellipse, Fahrstrahl, etc.) Erklären Sie den Inhalt der Gesetze. Unter welchen Voraussetzungen gelten sie?

☐ Geben Sie das Gravitationsgesetz an. Was bezeichnen die Größen, die im Gravitationsgesetz auftreten?

☐ Leiten Sie die Gewichtskraft $\vec{F} = m\,\vec{g}$ aus dem Gravitationsgesetz ab.

☐ Beschreiben Sie ein Experiment zur Messung der Gravitationskonstanten. Fertigen Sie eine Skizze des Experiments an. Beschreiben Sie die wichtigsten Komponenten des Experiments. Wie läuft das Experiment ab?

☐ Führen Sie die Begriffe Feldstärke und Potenzial ein.

☐ Beschreiben Sie den Unterschied zwischen schwerer und träger Masse. Aus dem Fallgesetz folgt die Gleichheit von schwerer und träger Masse. Skizzieren Sie die Argumente.

Lerneinheit beendet am _____

[LE-08] Reibung

Hier geht es zum entsprechenden Kapitel im Online-Kurs: sn.pub/axaANQ

Was haben Sie bereits erledigt?

☐ Wiederholung des Stoffs

☐ Kenntnis der wichtigsten Begriffe

☐ Mindmap erstellt

☐ Kontrollfragen

Lerneinheit begonnen am _____

S. Roth, A. Stahl, *Der Mechanik-Coach*, https://doi.org/10.1007/978-3-662-63618-3_8

Zusammenfassung

Allgemeines

Diese Lerneinheit behandelt ausschließlich die Reibung zwischen Festkörpern. Reibung mit Fluiden finden Sie in LE-13.

- Reibung ist eine Kraft, die zwischen den Kontaktflächen der Körper wirkt.
- Die Reibungskraft wirkt der Bewegung der Körper entgegen.
- Reibung geht auf mikroskopische Kräfte zwischen den Molekülen der Oberflächen zurück.
- Man kann die Reibungskräfte verändern, z. B. durch Schmieren oder Polieren der Flächen, aber nicht verhindern. Sie tritt zwischen allen Körpern in Kontakt auf.
- Durch Reibung entstehen Wärme und Verschleiß. Bewegungsenergie wird in Wärme umgewandelt und für die Veränderung der Oberflächen verbraucht.
- Reibung ist ein komplexes Phänomen. Die Reibungsgesetze müssen phänomenologisch bestimmt werden. Sie lassen sich nicht aus den Newton'schen Axiomen ableiten.

Haftreibung

Zwischen zwei in Kontakt und zueinander in Ruhe befindlichen Körpern wirkt eine Reibungskraft, die wir als Haftreibung $\vec{F}_{\mathrm{R,Haft}}$ bezeichnen. Diese ist einer eventuell von außen angreifenden Nettokraft entgegen gerichtet und dem Betrage nach gleich groß.

Allerdings ist die Haftreibungskraft im Betrag begrenzt. Übersteigt die von außen angreifende Nettokraft diesen maximalen Betrag, setzt die Kraft die Körper in gegenseitige Bewegung $\Rightarrow$ Übergang zur Gleitreibung.

Die Formel für die Haftreibung gibt den maximalen Betrag der Haftreibung an. Dieser ist proportional zur Normalkraft, mit der ein Körper auf den anderen drückt (z. B. ein Körper auf seiner Unterlage) und zum Haftreibungskoeffizienten μ_H, der die Materialeigenschaften der im Kontakt befindlichen Oberflächen quantifiziert. Es gilt:

$$\left|\vec{F}_{\mathrm{R,Haft}}\right| \leq \mu_H \left|\vec{F}_{\mathrm{N}}\right| .$$

Gleitreibung

Die Reibungskraft zwischen zwei miteinander in Kontakt befindlichen Körpern, die sich gegeneinander bewegen, nennen wir die Gleitreibung $\vec{F}_{\mathrm{R,Gleit}}$. Sie zeigt entgegen der Bewegungsrichtung. Ihr Betrag ist weitgehend unabhängig von der Geschwindigkeit der Bewegung. Für die Gleitreibungskraft gilt

$$\left|\vec{F}_{\mathrm{R,Gleit}}\right| = \mu_G \left|\vec{F}_{\mathrm{N}}\right| .$$

Rollreibung

Rollt ein Körper auf einem anderen, tritt ebenfalls eine Reibungskraft auf, die sogenannte Rollreibung $\vec{F}_{\mathrm{R,Roll}}$. Neben der Normalkraft hängt sie vom Radius r des rollenden Körpers ab. Es gilt:

$$\left|\vec{F}_{\mathrm{R,Roll}}\right| = \mu_R \frac{\left|\vec{F}_{\mathrm{N}}\right|}{r} .$$

In der Regel können Sie davon ausgehen, dass die Rollreibung deutlich geringer als die Gleitreibung ist, welche wiederum geringer als der maximale Wert der Haftreibung ausfällt.

Wichtige Begriffe

Dissipative Kraft	Das Gegenteil einer konservativen Kraft. Sie wandelt mechanische Energieformen zumindest teilweise in Wärme um. Bei Reibung handelt es sich um eine dissipative Kraft.
Gleitreibung	Reibungskraft zwischen Körpern, die sich gegeneinander bewegen.
Gleitreibungskoeffizient	Materialkonstante, die die Gleitreibung beschreibt.
Haftreibung	Reibungskraft zwischen zueinander in Ruhe befindlichen Körpern.
Haftreibungsgrenze	Maximale Reibungskraft zwischen zueinander in Ruhe befindlichen Körpern.
Haftreibungskoeffizient	Materialkonstante, die die maximale Haftreibung beschreibt.
Materialkonstante	Eine physikalische Größe, die den Einfluss von Materialeigenschaften wiedergibt.
Phänomenologischer Ansatz	Erstellen eines Naturgesetzes aus Beobachtungen.
Reibung	Kraft zwischen den Oberflächen zweier miteinander in Kontakt befindlicher Oberflächen.
Reibungswärme	Wärme, die durch Reibung entsteht.
Rollreibung	Reibungskraft an einem rollenden Körper.
Verschleiß	Veränderungen der Oberfläche eines Körpers unter dem Einfluss von Reibung, z. B. Abrieb.

Experimente

Reibung auf der schiefen Ebene

Ziel: Phänomenologische Ableitung des Haftreibungsgesetzes.
Methode: Bestimmung des Grenzwinkels, bis zu dem ein Gegenstand unter unterschiedlichen Bedingungen auf einer schiefen Ebene haftet.

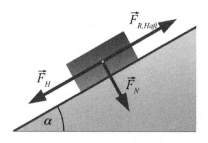

Abb. 10 Haftreibung auf der schiefen Ebene

Ergebnis: $\left| \vec{F}_{\mathrm{R,Haft}} \right| \leq \mu_H \left| \vec{F}_{\mathrm{N}} \right|$.

Weitere wichtige Experimente

- Messung des Gleitreibungskoeffizienten
- Wärme durch Reibung

Mindmap

Notizen

Kontrolle

Hier finden Sie die flashcards. Üben Sie noch einmal! sn.pub/2ESy93

Folgende Aufgaben zum Abschluss des Kapitels:

☐ Beschreiben Sie die mikroskopischen Ursachen für Reibung zwischen Festkörpern mit Ihren eigenen Worten.

☐ Skizzieren Sie Experimente, aus denen sich eine Formel für die Gleitreibung ableiten lässt.

☐ Geben Sie die Formeln für Haft-, Gleit- und Rollreibung an.

☐ Vergleichen Sie ein Gleitlager, ein Kugellager und ein Rollenlager. Welche Vorteile bieten die jeweiligen Typen gegenüber den anderen?

A   B   C

Lerneinheit beendet am _____

Teil II

Mechanik starrer Körper

[LE-09] Der starre Körper

Hier geht es zum entsprechenden Kapitel im Online-Kurs: sn.pub/gIEY84

Was haben Sie bereits erledigt?

☐ Wiederholung des Stoffs

☐ Kenntnis der wichtigsten Begriffe

☐ Mindmap erstellt

☐ Kontrollfragen

Lerneinheit begonnen am _____

Zusammenfassung

Definition

Der starre Körper stellt eine Näherung realer Körper dar. Sie bildet die Struktur realer Körper ab, allerdings wird deren Struktur als starr, d. h. unveränderlich angenommen. Während einem Massenpunkt nur die drei Freiheitsgrade der Translation zugewiesen werden können, besitzt ein starrer Körper weitere drei Rotationsfreiheitsgrade.

realer Körper	Massenpunkt	starrer Körper
massebehaftet	massebehaftet	massebehaftet
ausgedehnt	punktförmig	ausgedehnt
strukturiert	strukturlos	strukturiert
flexibel	—	starr

Das Drehmoment

Das Drehmoment $\vec{m}$ beschreibt die Drehwirkung, die eine Kraft $\vec{F}$ auf einen Körper ausübt. Es ist definiert als $\vec{M} = \vec{r} \times \vec{F}$. Den Vektor $\vec{r}$ vom Drehpunkt zum Angriffspunkt der Kraft nennen wir den Kraftarm. Im Gegensatz dazu gibt der Hebelarm den senkrechten Abstand der Kraft (genauer der Wirkungslinie der Kraft) zum Drehpunkt an.

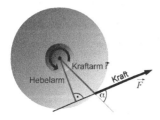

Abb. 11 Zur Definition des Drehmoments

Der Schwerpunkt eines Körpers

Nach dem Schwerpunktsatz bewegt sich der Massenmittelpunkt eines Körpers bei Abwesenheit äußerer Kräfte geradlinig gleichförmig. Dieser Massenmittelpunkt ist definiert als $\vec{r}_{\text{MM}} = \frac{\sum_i m_i \vec{r}_i}{\sum_i m_i}$ bzw. im Falle einer kontinuierlichen Massenverteilung durch $\vec{r}_{\text{MM}} = \frac{1}{M} \int_V \rho(\vec{r})\, \vec{r}\, dV$.

Der Massenmittelpunkt fällt für alle Körper mit deren Schwerpunkt zusammen. Das ist der Punkt, an dem man einen Körper unterstützen muss, so dass er in Ruhe verbleibt.

Der Hauptsatz der Statik

Der Hauptsatz der Statik besagt, dass ein Körper dann in Ruhe bleibt, wenn die Summe der von außen angreifenden Kräfte und die Summe aller von außen angreifenden Drehmomente verschwindet. Dabei sind neben den Gewichtskräften und anderen auf den Körper einwirkenden Kräften auch die Reactio an den Auflagepunkten zu berücksichtigen, an denen der Körper unterstützt wird.

Es gibt einen zweiten Satz, der ebenfalls den Namen "Hauptsatz der Statik" trägt. Er besagt, dass sich in Bezug auf eine beliebige Ebene alle in dieser Ebene angreifenden Kräfte und Drehmomente zu einer Kraft bzw. zu einem Drehmoment in Bezug auf den Schwerpunkt zusammenfassen lassen (durch Vektoraddition).

Statik starrer Körper

Die Aufgabe der Statik besteht nun darin, die Kräfte und Drehmomente, die auf einen Körper einwirken, zu bestimmen, um daraus die Grenzen abzustecken, in denen der Körper in Ruhe verbleibt. Dabei müssen sich alle äußeren Kräfte zu null addieren und die Summe der äußeren Drehmomente in Bezug auf alle möglichen Drehpunkte verschwinden.

Im Gleichgewicht der äußeren Kräfte und Drehmomente bleibt ein Körper in Ruhe. Wir unterscheiden drei Typen von Gleichgewichten, die sich in der Reaktion des Körpers auf eine minimale Auslenkung aus dem Gleichgewicht (Störung) unterscheiden. Bei einem stabilen Gleichgewicht kehrt der Körper in die ursprüngliche Gleichgewichtslage zurück, bei einem labilen Gleichgewicht stellt sich eine neue Gleichgewichtslage ein und bei einem instabilen Gleichgewicht setzt sich der Körper durch die Auslenkung in Bewegung.

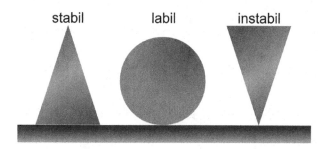

stabil   labil   instabil

Abb. 12
Gleichgewichtslagen

Wichtige Begriffe

Angriffspunkt	Punkt, an dem eine Kraft auf einen Körper wirkt.
Drehmoment	Physikalische Größe, die die Drehwirkung einer Kraft beschreibt.
Freiheitsgrad	Bewegungsmöglichkeit.
Hebelarm	Senkrechter Abstand der Wirkungslinie der Kraft vom Drehpunkt.
Kraftarm	Verbindungslinie zwischen dem Drehpunkt und dem Angriffspunkt der Kraft.
Massenmittelpunkt	$\vec{r}_{MM} = \frac{\sum_i m_i \vec{r}_i}{\sum_i m_i}$. Repräsentiert die Translationsbewegung eines starren Körpers.
Rotation	Drehung bei ortsfester Achse.
Schwerpunkt	Punkt, an dem man einen Körper unterstützen muss, so dass dieser in Ruhe bleibt.
starrer Körper	Näherung realer Körper durch einen Körper mit einer unveränderlichen Struktur und Form.
Translation	Geradlinige Bewegung
Wirkungslinie	Linie entlang der Richtung einer Kraft.

Experimente

Drehmomentscheibe

Ziel: Demonstration der Wirkung von Drehmomenten.

Methode: An einer drehbaren Scheibe (Skizze) werden verschiedene Gewichte in unterschiedlichen Abständen zur Drehachse angebracht. Es wird versucht, mit verschiedenen Kombinationen ein Gleichgewicht der Drehmomente zu erreichen.

Abb. 13 Drehmomentscheibe

Ergebnis: Das Drehmoment hängt sowohl vom Betrag der angreifenden Kraft als auch vom Abstand des Angriffspunkts zur Drehachse ab.

Weitere wichtige Experimente

- Bestimmung des Schwerpunkts von Platten
- Steinetreppe

Mindmap

Notizen

Kontrolle

Hier finden Sie die flashcards. Üben Sie noch einmal! sn.pub/XtfLpp

Folgende Aufgaben zum Abschluss des Kapitels:

☐ Welche Näherung(en) umfasst ein starrer Körper. Vergleichen Sie mit einem Massenpunkt.

☐ Geben Sie ein Beispiel für die Wirkung eines Drehmoments. Skizzieren Sie die Situation. Zeichnen Sie Hebelarm, Kraftarm und die Wirkungslinie der Kraft ein.

☐ Wie viele Freiheitsgrade der Bewegung haben eine Lokomotive, ein Stein beim Curling oder ein Handball?

☐ Definieren Sie den Schwerpunkt eines Körpers.

☐ Beschreiben Sie eine experimentelle Methode zur Bestimmung des Schwerpunkts dünner Platten.

☐ Nennen Sie die beiden Hauptsätze der Statik und erklären Sie deren Inhalt.

☐ Definieren Sie die Begriffe stabiles, labiles und instabiles Gleichgewicht.

☐ Geben Sie die wesentlichen Kräfte und Drehmomente an, die an dem dargestellten Baukran mit und ohne Last angreifen. Unter welchen Bedingungen steht der Kran stabil?

Lerneinheit beendet am _____

[LE-10] Drehbewegungen

Hier geht es zum entsprechenden Kapitel im Online-Kurs: sn.pub/kZBe26

Was haben Sie bereits erledigt?

☐ Wiederholung des Stoffs

☐ Kenntnis der wichtigsten Begriffe

☐ Mindmap erstellt

☐ Kontrollfragen

Lerneinheit begonnen am _____

S. Roth, A. Stahl, *Der Mechanik-Coach*, https://doi.org/10.1007/978-3-662-63618-3_10

Zusammenfassung

Der Drehimpuls

Der Drehimpuls eines Körpers mit Impuls $\vec{p}$ in Bezug auf einen Drehpunkt A ist gegeben durch

$$\vec{L} = \vec{r} \times \vec{p} \,,$$

wobei $\vec{r}$ der Vektor vom Punkt A zum Körper darstellt. Es gilt der Drehimpulssatz

Drehimpulssatz:

In einem System, in dem keine äußeren Drehmomente wirken, ist der Gesamtdrehimpuls erhalten.

Wirkt hingegen ein Drehmoment $\vec{M}$ von außen auf den Körper ein, so verändert es dessen Drehimpuls nach $\vec{M} = \frac{d\vec{L}}{dt}$, was direkt aus dem Grundgesetz der Mechanik folgt.

Der Drehimpuls eines ausgedehnten Körpers lässt sich vektoriell in zwei Komponenten zerlegen, den Eigendrehimpuls oder Spin des Körpers um seinen Schwerpunkt und den Bahndrehimpuls des Schwerpunkts um den Bezugspunkt A. Es gilt $\vec{L}_{\text{ges}} = \vec{L}_{\text{Bahn}} + \vec{L}_{\text{Eigen}}$.

Der Drehimpulssatz hat eine große praktische Bedeutung. Denken Sie beispielsweise an den Pirouetteneffekt oder an die Speicherung von Energie in Schwungrädern.

Rotation um feste Achsen

Rotiert ein Körper mit der Winkelgeschwindigkeit $\vec{\omega}$ um eine im Raum fixierte Achse, so hängt der Drehimpuls des Körpers nicht nur von der Winkelgeschwindigkeit ab, sondern auch von seiner Masse und deren räumlicher Verteilung, sowie vom Abstand des Körpers zur Achse. Für einen einzelnen Massenpunkt gilt $\vec{L} = m r_{\perp}^2 \, \vec{\omega}$, wobei $r_{\perp}$ der senkrechte Abstand des Massenpunkts zur Drehachse ist. Wir nennen $I = m r_{\perp}^2$ das Trägheitsmoment des Massenpunkts in Bezug auf die Drehachse. Für ausgedehnte Körper gilt $I = \sum_i r_{\perp}^2 m_i$ bzw. $I = \int_V r_{\perp}^2 dm$. Das Trägheitsmoment eines zusammengesetzten Körpers ergibt sich als Summe der Trägheitsmomente seiner Teile. Allerdings müssen sich alle Trägheitsmomente auf dieselbe Achse beziehen. Ist das Trägheitsmoment I_S eines Körpers in Bezug auf eine Achse durch seinen Schwerpunkt bekannt, so lässt sich das Trägheitsmoment I_A in Bezug auf eine dazu um die Strecke a parallel verschobene Achse aus dem Satz von Steiner bestimmen:

Satz von Steiner:

$$I_A = I_S + a^2 M \,.$$

Die Rotation eines Körpers um eine feste Achse lässt sich durch den Drehwinkel $\varphi(t)$, die Winkelgeschwindigkeit $\omega(t)$ und die Winkelbeschleunigung $\alpha(t)$ beschreiben. Bei konstanter Winkelbeschleunigung gilt $\varphi(t) = \frac{1}{2}\alpha t^2 + \omega_0 t + \varphi_0$ und $\omega(t) = \alpha t + \omega_0$ mit der anfänglichen Winkelposition φ_0 und Winkelgeschwindigkeit ω_0.

Mit der Rotation ist wie mit der Translation eine kinetische Energie verbunden. Sie beträgt $E_{\text{rot}} = \frac{1}{2}I\omega^2$. Die Arbeit, die ein Drehmoment verrichtet, berechnet sich aus $dW = \vec{M} \cdot d\vec{\varphi}$.

Rollbewegungen

Bei einer Rollbewegung läuft ein Rad über eine Unterlage. Dabei bewegt sich die Achse des Rads durch den Raum, sie wird parallel verschoben. Die Bewegung des Rads setzt sich aus einer Translation des Rads einschließlich der Achse und einer Rotation des Rads um die Achse zusammen. In jedem Punkt des Rads addieren sich die Geschwindigkeit der Translation $\vec{v}_S$ mit der Bahngeschwindigkeit der Rotation $\vec{v}_R = \vec{r} \times \vec{\omega}$. Im Auflagepunkt A des Rads müssen sich beide zu null addieren, da sich dieser bei einem Rollen ohne Schlupf in Ruhe befindet. Daraus ergibt sich die Rollbedingung $v_S = R\omega$, mit dem Radius R des Rads. Beachten Sie, dass am Auflagepunkt Reibung zwischen dem Rad und der Unterlage notwendig ist, sofern das Rad beschleunigt oder abgebremst wird, selbst wenn dies nicht über einen Antrieb oder eine Bremse an den Rädern geschieht.

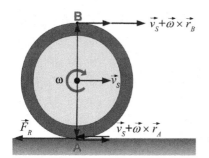

Abb. 14 Geschwindigkeiten und Kräfte an einem rollenden Rad

Wird ein Rad beschleunigt, so erhöht sich nicht nur dessen translatorische kinetische Energie $\frac{1}{2}Mv^2$, sondern auch dessen Rotationsenergie $\frac{1}{2}I\omega^2$, was zusätzliche Arbeit erfordert.

Kreiselbewegung

Bei einem Kreisel handelt es sich um einen rotierenden Körper, der so gelagert ist, dass er nicht fällt. In vielen Fällen ist die Drehachse an einem einzelnen Punkt unterstützt, z. B. indem der Körper auf der Achse steht. Wirkt kein Drehmoment in Bezug auf den Auflagepunkt auf den Kreisel, so rotiert er mit fester Achse und konstanter Winkelgeschwindigkeit. Wirkt hingegen ein Drehmoment, so entsteht eine komplexe Bewegung, die sich in drei einfachere Bewegungen zerlegen lässt.

- Die schnelle Rotation des Körpers um die Drehachse.
- Die gleichmäßige Bewegung der Drehachse auf einem Kegelmantel, die wir die Präzession des Kreisels nennen.
- Ein Wippen der Drehachse um die durch die Präzession vorgegebene Bewegung, die wir die Nutation des Kreisels nennen. Man kann sie durch den Umlauf auf einem weiteren Kegelmantel beschreiben, dessen Achse durch die Präzession gegeben ist.

Beachten Sie bitte, dass sich der Drehimpuls eines Kreisels unter der Wirkung eines Drehmoments nach $\frac{d\vec{L}}{dt} = \vec{M}$ nicht in Richtung der Kraft verändert, sondern in Richtung des zu ihr senkrecht stehenden Drehmoments.

Die Präzession des Kreisels kann durch die sogenannte Kreiselgleichung $\frac{d\vec{L}}{dt} = \vec{\omega}_P \times \vec{L}$ beschrieben werden, wobei $\vec{\omega}_P$ die Präzessionsgeschwindigkeit darstellt.

Spielzeugkreisel führen Kreiselbewegungen aus. Kreiselbewegungen spielen in vielen Bereichen der Physik, wie z.B. der Astronomie, dem Magnetismus oder der Atom- oder Kernphysik, eine wichtige Rolle. Der Kreiselkompass stellt eine Anwendung dar.

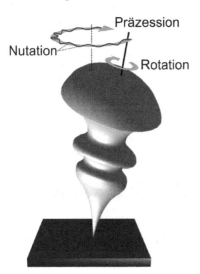

Abb. 15 Bewegung eines Kreisels

Rotation um freie Achsen

Die Rotation um freie Achsen gestaltet sich in manchen Situationen noch komplexer als die Kreiselbewegung. Die Bewegung wird unter anderem durch die Symmetrieeigenschaften des Körpers und die Lage der Rotationsachse in Bezug auf die

Körperachsen bestimmt. Wir unterscheiden sphärische Kreisel, die eine Rotationssymmetrie in Bezug auf eine beliebige Achse durch ihren Schwerpunkt zeigen (Bsp.
Kugel), symmetrische Kreisel, die eine Rotationssymmetrie in Bezug auf eine ein-
zige Achse durch den Schwerpunkt zeigen (Bsp. Zylinder) und beliebige Kreisel,
die keine Rotationssymmetrie aufweisen. Interessant ist in diesen Fällen die Frage,
ob die Rotationsachse bei der Bewegung stabil bleibt, oder ob der Kreisel trudelt.
Die Frage lässt sich beantworten, wenn Sie kleine Auslenkungen der Achse aus
der jeweiligen Richtung betrachten. Bei stabiler Rotation muss die Achse in die
ursprüngliche Richtung zurückkehren.

Gegenüberstellung

Tab. 1 Gegenüberstellung von Translation und Rotation

Translation	Rotation
Weg $\vec{s}$	Drehwinkel $\vec{\varphi}$
Geschwindigkeit $\vec{v}$	Winkelgeschwindigkeit $\vec{\omega}$
Beschleunigung $\vec{a}$	Winkelbeschleunigung $\vec{\alpha}$
Masse m	Trägheitsmoment I
Impuls $\vec{p}$	Drehimpuls $\vec{L}$
Kraft $\vec{F}$	Drehmoment $\vec{M}$
$\vec{p} = m\vec{v}$	$\vec{L} = I\vec{\omega}$
$\vec{F} = m\vec{a} = \frac{d\vec{p}}{dt}$	$\vec{M} = I\vec{\alpha} = \frac{d\vec{L}}{dt}$
$W = \int \vec{F} \cdot d\vec{s}$	$W = \int \vec{M} \cdot d\vec{\varphi}$
$E_{\text{kin}} = \frac{1}{2}mv^2$	$E_{\text{rot}} = \frac{1}{2}I\omega^2$

Es gibt weitreichende Parallelen zwischen Translations- und Rotationsbewegungen. Die beiden Bewegung sind einander in Tabelle 1 gegenüber gestellt. Allerdings
trägt diese Äquivalenz nur begrenzt. Offensichtlich ist der Unterschied zwischen
der Masse, eine Eigenschaft alleine des Körpers, und dem Trägheitsmoment, das
zudem von der Lage der Drehachse relativ zum Körper abhängt. Er setzt sich in
den anderen Größen fort, die im Falle der Rotation immer Bezug auf eine Achse
nehmen.

Zur Umrechnung von Größen der Translation in Größen der Rotation dienen
die folgenden Relationen:

$$\vec{v} = \vec{\omega} \times \vec{r}$$
$$\vec{L} = \vec{r} \times \vec{p}$$
$$\vec{M} = \vec{r} \times \vec{F}$$
$$I = \int r_\perp^2 \, dm \ .$$

Wichtige Begriffe

Arbeit bei Drehungen	$dW = \vec{M} \cdot d\vec{\varphi}$
Bahndrehimpuls	Drehimpuls, der aus der Bewegung des Schwerpunkts eines Körpers resultiert.
Drehimpuls	Erhaltungsgröße bei drehmomentfreien Rotationsbewegungen.
Drehimpulssatz	Erhaltungssatz des Drehimpulses.
Drehmoment	Physikalische Größe, die die Drehwirkung einer Kraft beschreibt.
Eigendrehimpuls	Drehimpuls eines Körpers in Bezug auf seinen Schwerpunkt.
freie Rotation	Drehbewegung mit frei beweglicher Achse.
Grundgesetz der Drehbewegungen	$\vec{M} = \frac{d\vec{L}}{dt}$
Gyroskop	Kreiselinstrument.
Isotropie des Raums	Annahme, dass im leeren Raum keine Richtung ausgezeichnet ist.
kardanische Lagerung	Frei drehbare Lagerung einer Achse.
Kreisel	Rotationskörper.
Kreiselgleichung	Beschreibt die Präzession der Kreiselachse $\frac{d\vec{L}}{dt} = \vec{\omega}_P \times \vec{L}$.
Leistung einer Drehbewegung	$P = \vec{M} \cdot \vec{\omega}$
Maxwell-Rad	Ein Rad, das an einer um die Achse gewickelten Schnur aufgehängt ist (Jo-Jo).
Nutation	Wippen der Achse eines Kreisels um die Präzessionsbewegung.
Präzession	Bewegung der Achse eines an einem einzigen Punkt unterstützten Kreisels unter dem Einfluss eines äußeren Drehmoments.
Rollbedingung	Bedingung unter der ein Rad ohne Schlupf rollt ($v = R\omega$).
Rotationsenergie	Kinetische Energie einer Rotationsbewegung $E_{\text{rot}} = \frac{1}{2}I\omega^2$
Satz von Steiner	Ermöglicht die Berechnung des Trägheitsmoments bei parallel verschobener Drehachse.
sphärischer Kreisel	Rotationskörper mit Rotationssymmetrie bezüglich aller Achsen durch den Bezugspunkt.

Spin	Siehe Eigendrehimpuls.
symmetrischer Kreisel	Rotationskörper mit Rotationssymmetrie bezüglich einer Achse durch den Bezugspunkt.
Trägheitsmoment	Beschreibt die Trägheit eines Körpers gegenüber Rotationen um eine vorgegebene Achse.
Trägheitstensor	Eine Matrix, mit deren Hilfe man die Trägheitsmomente zu beliebigen Richtungen durch einen vorgegebenen Punkt berechnen kann.
Trudeln	Unregelmäßige Bewegung einer Drehachse.
Winkelgeschwindigkeit	Physikalische Größe, die angibt, um welchen Winkel sich ein Körper in einer Zeiteinheit dreht.
Winkelbeschleunigung	Physikalische Größe, die die Änderung der Winkelgeschwindigkeit pro Zeiteinheit angibt.

Experimente

Trägheitsmomente

Ziel: Messung von Trägheitsmomenten.

Methode: Messung der Schwingungsperiode einer freien Drehschwingung ($T = 2\pi\sqrt{I/D}$). Das zu vermessende Objekt wird auf einer Platte, die auf einer vertikalen Achse mit einer Spiralfeder gelagert ist, so gelagert, dass seine Drehachse mit der Drehachse auf der Platte zusammenfällt. Das Trägheitsmoment der leeren Platte ist vom Ergebnis abzuziehen.

Ergebnis: Trägheitsmomente verschiedener Körper.

Drehimpulserhaltung

Ziel: Demonstration der Drehimpulserhaltung; Beobachtung der Präzession.

Methode: Die Achse eines Rads ist an ihren Enden an Schnüren aufgehängt. Das Rad wird auf möglichst hohe Geschwindigkeit angedreht. Dann schneiden wir eine der beiden Schnüre durch.

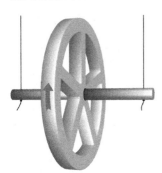

Abb. 16 Felgenkreisel

Ergebnis: Überraschenderweise kippt das Rad nur um einen kleinen Winkel nach unten. Bei genauerer Betrachtung sehen wir, dass sich die Achse langsam in der Horizontalen dreht (Präzession).

Gyroskop

Ziel: Beobachtung von Präzession und Nutation am Gyroskop.

Methode: Wir benutzen als Gyroskop ein horizontal gelagertes Speichenrad. Die vertikale Achse steht mit einer Spitze auf einer Stange. Ein seitlich an der Achse angebrachtes Gewicht treibt die Präzession an. Auf dem oberen Ende der Achse ist eine Leuchtdiode angebracht.

Ergebnis: Bei Dunkelheit erkennt man in langzeitbelichteten Bildern die Präzession (linkes Foto) und sofern das Gyroskop entsprechend angestoßen wurde,
zusätzlich die Nutation (rechtes Foto).

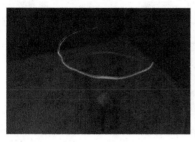 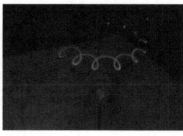

Abb. 17
Präzession
und
Nutation

Weitere wichtige Experimente

- Drehimpulserhaltung mit dem Drehstuhl
- Der kardanische Kreisel
- Feuertornado
- Zylinder rollt auf schiefer Ebene
- Maxwell-Rad
- Brummkreisel
- Kreiselkompass nach Magnus
- Rotation um freie Achsen
- Jonglieren mit Zigarrenkisten

Mindmap

Notizen

Kontrolle

Hier finden Sie die flashcards. Üben Sie noch einmal! sn.pub/L7vXXe

Folgende Aufgaben zum Abschluss des Kapitels:

☐ Beschreiben Sie eine alltägliche Situation, in der der Drehimpulssatz Auswirkung auf das Geschehen hat.

☐ Wie verändert ein Drehmoment, das von außen auf ein rotierendes System einwirkt, dessen Drehimpuls?

☐ Betrachten Sie die Erde als rotierenden Körper in ihrer Bahn um die Sonne. Beschreiben Sie den Bahndrehimpuls und den Eigendrehimpuls. Welchen Einfluss haben der Abstand Erde - Sonne und die Massenverteilung der Erde, die sich beispielsweise durch Ebbe und Flut verändert, auf die beiden Drehimpulse? Verändern sich durch diese Einflüsse die Rotationsgeschwindigkeiten der Erde um ihre eigene Achse oder um die Sonne?

☐ Wie lässt sich der Satz von Steiner aus der Definition des Trägheitsmoments ableiten? Skizzieren Sie den Ansatz.

☐ Was versteht man unter der Rollbedingung?

☐ Ein PKW beschleunigt mit konstanter Motorleistung. Hat das Trägheitsmoment der Räder einen Einfluss auf die Beschleunigung des Wagens?

☐ Beschreiben Sie die Bewegung eines Kreisels. Gehen Sie dabei explizit auf die schnelle Rotation, die Präzession und die Nutation des Kreisels ein.

☐ Was versteht man unter der stabilen Rotation eines Körpers um eine freie Achse? Geben Sie ein Beispiel für eine stabile und eine instabile Rotation.

☐ Welche Formeln ergeben sich, wenn Sie das Grundgesetz der Mechanik $\vec{F} = m\vec{a} = \frac{d\vec{p}}{dt}$ auf eine Drehbewegung übertragen?

Lerneinheit beendet am _____

Teil III

Elastische Körper

[LE-11] Elastomechanik

Hier geht es zum entsprechenden Kapitel im Online-Kurs: sn.pub/UWttLM

Was haben Sie bereits erledigt?

☐ Wiederholung des Stoffs

☐ Kenntnis der wichtigsten Begriffe

☐ Mindmap erstellt

☐ Kontrollfragen

Lerneinheit begonnen am _____

Zusammenfassung

Elastische Deformationen

Die Elastomechanik behandelt die elastische und plastische Deformation fester Körper unter dem Einfluss äußerer Kräfte. Wir klassifizieren diese Kräfte nach ihrer Richtung in Bezug auf die Oberfläche des Körpers in

- Zugkräfte, die senkrecht zur Oberfläche nach außen wirken,
- Druckkräfte, die ebenfalls senkrecht zur Oberfläche wirken, aber in den Körper hinein zeigen,
- Scherkräfte, die parallel zur Oberfläche wirken.

Sie werden üblicherweise als Spannungen quantifiziert. Eine Spannung setzt die jeweils senkrechte oder parallele Kraftkomponente ins Verhältnis zur Oberfläche A, an der sie angreift, z. B. ist die Zugspannung gegeben durch $\sigma = F_\parallel / A$.

Aus den Spannungen entstehen Deformationen, die sich je nach angreifenden Spannungen verändern. Beispielsweise führt eine Zugspannung an gegenüberliegenden Enden eines Körpers zu einer Streckung des Körpers, auch Dehnung genannt. Die wichtigsten Deformationen sind:

- Streckung: siehe oben;
- Stauchung: negative Streckung durch Druckspannungen an gegenüberliegenden Enden;
- Kompression: Verringerung des Volumens durch allseitige Druckspannungen;
- Scherung: parallele Verschiebung von Oberflächen des Körpers gegeneinander durch Scherkräfte;
- Biegung: entsteht ebenfalls durch entgegengesetzt gerichtete Scherkräfte;
- Verdrillung (Torsion): durch Scherkräfte, die durch ihre Angriffspunkte zu entgegen gerichteten Drehmomenten führen.

Hooke'sches Gesetz

Bei kleinen Deformationen zeigt sich meist eine Proportionalität der Deformation zur angreifenden Spannung. Dies ist die Aussage des Hooke'schen Gesetzes:

Hooke'sches Gesetz:

Die Deformation eines elastischen Körpers ist der angreifenden Spannung proportional.

Angewandt auf eine Streckung ergibt dies beispielsweise $\sigma = E\epsilon$, wobei ϵ die relative Längenänderung $\Delta L/L$ darstellt. Das Elastizitätsmodul E ist eine Materialkonstante.

Wirken Spannungen in eine bestimmte Richtung auf einen Körper, so ist die Deformation nicht ausschließlich auf diese Richtung begrenzt. Bei der Dehnung eines Körpers kommt es beispielsweise zu einer Querkontraktion, die ebenfalls proportional zu den angreifenden Spannungen ist. Es ist:

$$\frac{\Delta d}{d} = -\mu \frac{\Delta L}{L}.$$

Die Konstante μ heißt Querkontraktionsfaktor oder Poissonzahl. Die Größen Δd und d beziehen sich auf eine Richtung senkrecht zur Spannung. Das negative Vorzeichen bedeutet, dass sich die Dimension quer zur Spannung verringert, wenn sich der Körper in Richtung der Spannung verlängert.

Streckung eines Drahts

Eine interessante Anwendung ist die Streckung eines Drahts. Die Abbildung zeigt den Zusammenhang zwischen Dehnung und Spannung. Das Hooke'sche Gesetz beschreibt lediglich den grau unterlegten, linearen Bereich. In diesem Bereich ist die Streckung des Drahts elastisch, d. h. wird die Zugspannung am Draht aufgehoben, verkürzt sich der Draht wieder auf seine ursprüngliche Länge. Überschreitet die Spannung die Elastizitätsgrenze, kommt es zu einer plastischen Veränderung des Drahts. Er wird permanent gestreckt und verjüngt. Die Kurven A und B unterscheiden sich in der Berechnung der Zugspannung. Für A beziehen wir die Zugkraft auf den aktuellen Querschnitt, für B auf den ursprünglichen. Mit zunehmender Zugspannung verjüngt sich der Draht immer weiter. Erreicht diese einen Grenzwert, den man die Zugfestigkeit nennt, reißt der Draht.

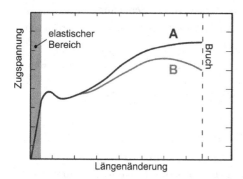

Abb. 18 Die Dehnung eines Drahts unter Spannung

Wichtige Begriffe

Biegung	Deformation schmaler Körper quer zu deren Hauptrichtung.
Dehnung	Siehe Streckung.
Druckspannung	Spannung auf Grund einer Kraft senkrecht auf die Oberfläche nach innen gerichtet.
elastischer Bereich	In diesem Bereich sind die Deformationen reversibel und proportional zu den angreifenden Spannungen.
Elastizitätsgrenze	Grenze des elastischen Bereichs.
Elastizitätsmodul	Proportionalitätskonstante zwischen der Zugspannung und der Längenänderung im elastischen Bereich.
Federkonstante	Proportionalitätskonstante zwischen der Kraft an einer Feder und deren Streckung.
Finite Elemente Methode	Rechnergestütztes Verfahren zur näherungsweisen Behandlung von Deformationen und anderen Problemen.
Hooke'sches Gesetz	Beschreibt Längenänderungen im elastischen Bereich.
Kompression	Verringerung des Volumens eines Körpers durch allseitige Druckspannungen.
neutrale Faser	Virtuelle Linien in einem Körper, die unter einer Deformation weder gestreckt noch gestaucht werden.
Querkontraktion	Proportionalität zwischen der Verjüngung eines Körpers und seiner Streckung unter einer Zugspannung.
Scherung	Deformation eines Körpers durch versetzt zueinander angeordnete Kräfte.
Schubmodul	Proportionalitätskonstante bei Scherung.
Schubspannung	Spannung, die aus versetzt zueinander angeordneten Kräften resultiert.
Spannungs-Dehnungs-Diagramm	Visualisiert die Spannung, die notwendig ist, um eine bestimmte Dehnung zu erreichen.
Stauchung	Verkürzung eines Körpers in einer Richtung durch Druckspannungen.
Streckgrenze	Siehe Elastizitätsgrenze.
Streckung	Verlängerung eines Körpers durch Zugspannungen.
Torsion	Verdrehung eines Körpers durch Schubspannungen.
Torsionsmodul	Proportionalitätskonstante bei Torsion.
Zugfestigkeit	Maximale Zugspannung, bei deren Überschreiten es zu einem Bruch kommt.
Zugspannung	Spannung auf Grund einer Kraft senkrecht von der Oberfläche nach außen.

Experimente

Biegung eines Balkens

Ziel: Demonstration der elastischen Deformation von Stäben und Messung des Elastizitätsmoduls.

Methode: Ein Stab wird an beiden Enden waagerecht eingespannt. In der Mitte wird er durch ein angehängtes Gewicht belastet. Er biegt sich unter der Last des Gewichts etwas durch. Mit einer Messuhr bestimmen wir die Deformation.

Abb. 19 Versuchsaufbau, ©RWTH Aachen, Sammlung Physik

Ergebnis: Für rechteckige Profile erwarten wir eine Auslenkung der Größe $d = \frac{1}{4} \left(\frac{L}{h}\right)^3 \frac{1}{b} \frac{F_G}{E}$, mit der Länge L, der Höhe h und der Breite b des Stabs, der Gewichtskraft des anhängenden Gewichts F_G und dem Elastizitätsmodul E. Diese kann bei bekanntem Gewicht F_G und bekannten Dimensionen des Stabs aus der Messung bestimmt werden.

Weitere wichtige Experimente

- Dehnung eines Kupferdrahts
- Querkontraktion an einem Gummiband
- Dehnung über die Elastizitätsgrenze hinaus

Mindmap

Notizen

Kontrolle

Hier finden Sie die flashcards. Üben Sie noch einmal! sn.pub/EzXxK9

Folgende Aufgaben zum Abschluss des Kapitels:

☐ Ein Metalldraht ist an der Decke befestigt. Sie belasten ihn mit einem kleinen Gewicht und nehmen dieses anschließend wieder ab. Was beobachten Sie? Was ändert sich, wenn Sie sukzessive das Gewicht erhöhen?

☐ Welche elastischen Deformationen von Festkörpern kennen Sie? Beschreiben Sie diese Deformationen.

☐ Nennen Sie das Hooke'sche Gesetz. Was können Sie zum Gültigkeitsbereich sagen?

☐ Was versteht man unter Querkontraktion?

☐ Ein Balken ist einseitig an einer Wand befestigt. Am gegenüberliegenden Ende wird er mit einem Gewicht belastet. Welche Parameter bestimmen, wie sehr der Balken sich unter der Last biegt?

☐ Was unterscheidet eine Kompression von einer Stauchung? Leiten Sie den Zusammenhang ab.

Lerneinheit beendet am _____

[LE-12] Hydro- und Aerostatik

Hier geht es zum entsprechenden Kapitel im Online-Kurs: sn.pub/GC9zkS

Was haben Sie bereits erledigt?

☐ Wiederholung des Stoffs

☐ Kenntnis der wichtigsten Begriffe

☐ Mindmap erstellt

☐ Kontrollfragen

Lerneinheit begonnen am _____

© Der/die Autor(en), exklusiv lizenziert an Springer-Verlag GmbH, DE, ein Teil von
Springer Nature 2022
S. Roth, A. Stahl, *Der Mechanik-Coach*, https://doi.org/10.1007/978-3-662-63618-3_12

Zusammenfassung

Flüssigkeiten und Gase fassen wir unter dem Oberbegriff Fluid zusammen.

Der Druck

Wirkt eine Kraft F auf die Oberfläche A eines Fluids, entsteht ein Druck p. Er ist
definiert als
$$p = \frac{F_\perp}{A},$$
dabei ist $F_\perp$ die Komponente der Kraft, die senkrecht zur Oberfläche wirkt. Im
Inneren des Fluids ist der Druck isotrop, d. h. die aus dem Druck auf eine Fläche
resultierende Kraft ist unabhängig von der Orientierung der Fläche. Neben der
SI-Einheit *Pascal* sind mehrere ältere Einheiten noch in Gebrauch. Der Luftdruck
auf Meeresniveau beträgt etwa 10^5 Pa (Normaldruck).

Einheit	Normaldruck
Bar	1 bar
mm Quecksilbersäule	750 torr
physikalische Atmosphäre	0, 98692 atm
technische Atmosphäre	1, 0197 at
Pounds per square inch	14, 50 psi

Volumenarbeit

Bewegt sich eine Fläche unter dem Einfluss einer Kraft, so wird dabei Arbeit
verrichtet. Drückt man die Kraft durch den Druck aus, ergibt sich $W = p \cdot \Delta V$.
Dabei ist ΔV die Änderung des Volumens des Fluids.

Eine wichtige Anwendung findet diese Relation in der Hydraulik. Wird einer der
Stempel in Abbildung 20 bewegt, so muss sich auch der andere Stempel bewegen.
Aus der Energieerhaltung ($p \Delta V_1 = -p \Delta V_2$) folgt $F_1/A_1 = F_2/A_2$.

Kompression

Wirkt von außen ein Druck auf ein Fluid, so kommt es zu einer Kompression
des Fluids und zu einer elastischen Reaktion. Die Kompression wird durch die
Kompressibilität κ bzw. das Kompressionsmodul $\bar{\kappa}$ beschrieben:
$$\frac{\Delta V}{V} = \kappa p \quad \text{bzw.} \quad \frac{\Delta V}{V} = \frac{1}{\bar{\kappa}} p.$$
Flüssigkeiten und Gase unterscheiden sich in ihrer Kompressibilität deutlich.

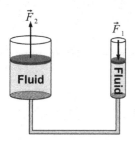

Abb. 20 Ein einfaches hydraulisches System

Schweredruck

Betrachten wir eine horizontale Schicht in einem Fluid. Das Gewicht der darüberliegenden Schichten des Fluids erzeugt einen Druck auf diese Schicht. Man nennt ihn den Schweredruck. Ist das Fluid näherungsweise inkompressibel, so wächst das Gewicht auf eine Schicht gleichmäßig mit der Tiefe $t = -z$ im Fluid an. Es ergibt sich $p(z) = p_0 - \rho_{\mathrm{Fluid}}\, g\, z$. In kompressiblen Fluiden nimmt die Dichte mit der Höhe ab und wir kommen zur barometrischen Höhenformel: $p(z) = p_0 \exp\left(-\frac{\rho_0}{p_0}\, g\, z\right)$.

Auftrieb

Taucht ein Körper in ein Fluid ein, so wirkt ein allseitiger Druck auf diesen. Aufgrund des Schweredrucks ist der Druck, der von unten auf den Körper wirkt, größer als der entsprechende Druck von oben. Es entsteht eine resultierende Kraft nach oben. Man nennt sie den Auftrieb. Die Größe des Auftriebs wird durch das Archimed'sche Prinzip bestimmt.

Archimed'sches Prinzip:

Der statische Auftrieb eines Körpers in einem Fluid entspricht der Gewichtskraft des vom Körper verdrängten Fluids.

Grenzflächen

In Fluiden treten Kräfte zwischen den Molekülen auf, die man Kohäsionskräfte nennt. An der Oberfläche des Fluids treten zudem Kräfte zu den Molekülen der Wände oder angrenzenden Fluiden auf. Diese nennt man die Adhäsionskräfte.

Aus den Kohäsionskräften auf Moleküle an der Oberfläche eines Fluids resultiert die Oberflächenspannung $\sigma = F/L$. Sie begünstigt eine Minimierung der Oberfläche eines Fluids. Unter anderem ist sie für die Tropfenbildung verantwortlich. Die Adhäsionskräfte zwischen einem Fluid und den Wänden, durch die es eingeschlossen ist, bewirken die Haftspannung. Sie ist beispielsweise für die Ausbildung eines Meniskus an der Oberfläche des Fluids verantwortlich. In engen Kapillaren ist der Einfluss der Haftspannung besonders deutlich zu erkennen. Übersteigt die Adhäsion mit der Wand die Gewichtskraft des Fluids, steigt dieses in der Kapillare soweit auf, bis sich ein Gleichgewicht findet.

Wichtige Begriffe

Adhäsion	Kräfte zwischen den Molekülen aneinander angrenzender Stoffe.
Auftrieb	Nettokraft auf einen Körper in einem Fluid durch den Schweredruck.
Archimed'sches Prinzip	Gesetz über den Auftrieb.
Bar	Alte Druckeinheit: $1\,\mathrm{bar} \equiv 10^5\,\mathrm{Pa}$.
barometrische Höhenformel	Beschreibt das Höhenprofil des Drucks in einem kompressiblen Fluid.
Druck	$p = \frac{F_\perp}{A}$.
Fluid	Oberbegriff für Flüssigkeiten und Gase.
Haftspannung	Spannung zwischen einem Fluid und den Gefäßwänden.
Isotropie	Unabhängigkeit einer Größe von der Richtung im Raum.
Kapillare	Eine enge, meist vertikale Röhre.
Kapillarität	Verhalten (insbesondere Aufstieg) von Fluiden in Kapillaren.
Kohäsion	Kräfte zwischen den Molekülen innerhalb eines Fluids.
Kompression	Verringerung des Volumens eines Fluids.
Kompressibilität	Materialkonstante; gibt die Volumenänderung bei Druckerhöhung an.
Kompressionsmodul	Materialkonstante; gibt den Druck an, der eine bestimmte Volumenänderung bewirkt.
Normaldruck	Luftdruck auf Meeresniveau (ca. $10^5\,\mathrm{Pa}$).
Oberflächenspannung	Spannung, die versucht die Oberfläche eines Fluids zu reduzieren.
Schweredruck	Anstieg des Drucks in einem Fluid mit der Tiefe.
Torr	Alte Druckeinheit: $750\,\mathrm{torr} \equiv 10^5\,\mathrm{Pa}$.
Volumenarbeit	Arbeit durch die Verschiebung von Flächen gegen einen Druck ($W = p\,\Delta V$).

Experimente

Kompressibilität von Wasser

Ziel: Demonstration der unterschiedlichen Kompressibilität von Luft und Wasser.
Methode: Mit einem Luftgewehr werden Becher durchschossen, die alternativ mit
Luft und Wasser gefüllt sind. Der Durchschuss wird mit einer Hochgeschwindig-
keitskamera beobachtet. Außerdem betrachten wir die durchschossenen Becher.
Ergebnis: Luft hat eine hohe Kompressibilität, Wasser dagegen nicht. Dringt das
Projektil durch die Wand eines leeren Bechers ein, wird die Luft im Becher durch
das Projektil lokal etwas komprimiert. Dies führt nach $p = \overline{\kappa}\,\frac{\Delta V}{V}$ zu einem geringen
Druckanstieg im Becher ($\overline{\kappa}$ klein). Befindet sich dagegen Wasser im Becher ($\overline{\kappa}$
groß), lässt ein erheblicher Druckanstieg den Becher platzen.

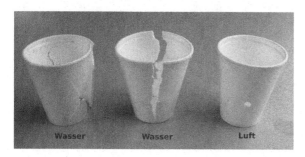

Abb. 21 Becher nach einem
Durchschuss, © RWTH Aa-
chen, Sammlung Physik

Weitere wichtige Experimente

- Isotropie des Drucks
- Hydraulische Presse
- Kompressibilität von Wasser
- Schweredruck in Wasser
- Kommunizierende Röhren
- Hydrostatisches Paradoxon
- Dichtewaage
- Auftrieb
- Kartesischer Taucher
- Magdeburger Halbkugeln
- Messung der Oberflächenspannung
- Schwimmende Büroklammer
- Minimalflächen durch Oberflächenspannung
- Druck in einer Seifenblase
- Grenzwinkel im Keilglas

Mindmap

Notizen

Kontrolle

Hier finden Sie die flashcards. Üben Sie noch einmal! sn.pub/SUJmAy

Folgende Aufgaben zum Abschluss des Kapitels:

☐ Definieren Sie Druck.

☐ Beschreiben Sie die Funktionsweise eines Manometers.

☐ Beschreiben und erklären Sie das hydrostatische Paradoxon.

☐ Wie verhält sich ein Körper in Wasser, wenn seine Dichte geringer, gleich oder größer als die Dichte des Wassers ist?

☐ In Wasser ändert sich der Druck mit der Wassertiefe wie $p(t) = p_0 + \rho g t$. Leiten sie daraus das Archimed'sche Prinzip ab.

☐ Beschreiben und erklären Sie die Form eines Tautropfens auf einem waagerechten Blatt.

☐ Erklären Sie die Ausbildung eines Meniskus in einem Reagenzglas.

Lerneinheit beendet am ＿＿＿＿＿＿＿＿＿

[LE-13] Hydro- und Aerodynamik

Hier geht es zum entsprechenden Kapitel im Online-Kurs: sn.pub/23E0H7

Was haben Sie bereits erledigt?

☐ Wiederholung des Stoffs

☐ Kenntnis der wichtigsten Begriffe

☐ Mindmap erstellt

☐ Kontrollfragen

Lerneinheit begonnen am _____

Zusammenfassung

Beschreibung von Strömungen

Strömungen werden mathematisch durch ein Geschwindigkeitsfeld $\vec{v}\,(\vec{r},t)$ beschrieben. Es gibt für jeden Ort in der Strömung die Geschwindigkeit an, mit der sich die Strömung zu einer bestimmten Zeit an diesem Ort bewegt. Es enthält die vollständige Information über die Strömung. Allerdings ist das Geschwindigkeitsfeld schwer zugänglich. Daher benutzen wir meist eine reduzierte Darstellung durch Bahnlinien und Stromlinien. Bahnlinien zeichnen den Weg einzelner Elemente des strömenden Fluids durch die Strömung nach. Stromlinien geben zu einem festen Zeitpunkt die Richtung der Strömung an jedem Ort. Die Richtung ist jeweils tangential an die Stromlinie. Die Dichte der Stromlinien gibt Auskunft über den Betrag der Geschwindigkeit (hohe Dichte ≡ hohe Geschwindigkeit). Im Fall stationärer, d. h. zeitunabhängiger Strömungen, fallen Bahn- und Stromlinien zusammen.

Bei niedrigen Geschwindigkeiten sind die Strömungen glatt und stationär, sofern sich die äußeren Bedingungen nicht ändern. Wir sprechen dann von laminaren Strömungen. Bei hohen Geschwindigkeiten bilden sich Wirbel aus, die sich häufig mit der Zeit verändern. Solche Strömungen nennen wir turbulent. Die Reynolds-Zahl zeigt an, welchem Bereich eine Situation zuzuordnen ist. Große Zahlen ($Re \gg 1$) zeigen turbulente Strömungen an.

Massen- und Volumenstrom

Der Strom gibt an, wie viel Fluid sich in einer Zeiteinheit durch eine Fläche in der Strömung hindurch bewegt. Wir unterscheiden den Massenstrom $J = \frac{\Delta m}{\Delta t}$, bei dem die Menge an Fluid durch deren Masse bestimmt wird, und den Volumenstrom $I = \frac{\Delta V}{\Delta t}$. In einer Strömung kann Fluid weder verschwinden, noch kann neues Fluid entstehen.

Dies drücken wir mathematisch durch eine Kontinuitätsgleichung aus. In Worten besagt sie: "Was an einer Stelle an Fluid in ein Volumen hinein fließt, erhöht die Dichte im Volumen, es sei denn, es fließt an einer anderen Stelle wieder heraus."

Dynamischer Druck

Die Kräfte in einem ruhenden Fluid werden durch den statischen Druck beschrieben (siehe LE-12). In strömenden Fluiden unterscheiden wir zwischen dem statischen und dem dynamischen Druck, die sich zum Gesamtdruck addieren:

$$p_{\text{tot}} = p_{\text{stat}} + \frac{1}{2}\,\rho\,v^2 \,.$$

Dies ist die Bernoulli-Gleichung. Sie gilt für laminare Strömungen. Sie können Sie beispielsweise aus der Energieerhaltung im strömenden Fluid ableiten. Die Gleichung lässt sich um den Term $\rho\,g\,h$ für den Schweredruck ergänzen, sofern dieser in der gegebenen Situation von Bedeutung ist. Der dynamische Druck ist proportional zum Quadrat der Strömungsgeschwindigkeit am jeweiligen Ort. Beachten Sie, dass in einer Strömung mit steigender Geschwindigkeit der statische Druck sinkt!

Ein Manometer, dessen sensitive Fläche senkrecht zur Strömung ausgerichtet ist, bestimmt den Gesamtdruck im Fluid. Ist die sensitive Fläche dagegen parallel zur Strömung ausgerichtet, so misst das Manometer lediglich den statischen Druck. Der dynamische Druck lässt sich als Differenz von Gesamtdruck und statischem Druck bestimmen.

Innere Reibung

Bewegen sich aneinander angrenzende Schichten eines Fluids in einer Strömung mit unterschiedlichen Geschwindigkeiten, so tritt Reibung zwischen den Schichten auf. Die Reibungskraft F_R ist proportional zum Gradienten der Geschwindigkeit senkrecht zur Kontaktfläche A: $F_R = \eta\,\frac{dv}{dr}\,A$. Die Proportionalitätskonstante η heißt Viskosität. Sie ist eine Materialkonstante des Fluids. Ebenso tritt Reibung zwischen den Randschichten des Fluids und den Wänden, die die Strömung begrenzen, auf. Letztere führt in der Regel dazu, dass die Randschicht an der Gefäßwand haftet. Durch die Reibung entsteht ein Druckabfall entlang der Strömung des Fluids.

In manchen Fällen lässt sich die Reibung ebenso vernachlässigen wie die Kompression des Fluids in der Strömung. Dann sprechen wir von der Strömung eines idealen Fluids.

Die Reibung begrenzt den Volumenstrom durch Rinnen und Rohre. Im Falle einer laminaren Strömung durch eine Röhre mit kreisförmigem Querschnitt (Radius R) können Sie den Volumenstrom mit dem Gesetz von Hagen-Poiseuille berechnen:

$$I = \frac{\pi}{8\eta}\,\frac{\Delta p}{L}\,R^4\,.$$

Wird ein Körper von einem Fluid umströmt, so tritt Reibung zwischen dem Körper und dem Fluid auf. Bei laminaren Strömungen sprechen wir von Stokes'scher Reibung. Im Falle einer umströmten Kugel mit Radius R ergibt sich das Stokes'sche Gesetz:

$$F_R = 6\pi\,\eta\,R\,v\,.$$

Turbulente Strömungen

Mit steigender Geschwindigkeit in einer Strömung bilden sich ausgehend von Hindernissen in der Strömung Wirbel aus, die mit weiter steigender Geschwindigkeit immer größere Bereiche der Strömung erfassen. Durch die zusätzliche Bewegung in den Wirbeln kommt es zu starken räumlichen Unterschieden in der Strömungsgeschwindigkeit, die Unterschiede im dynamischen – und damit auch im statischen Druck nach sich ziehen. An umströmten Körpern führt ein solcher Druckunterschied zu einer Nettokraft, die wir als Reibungskraft wahrnehmen. Man nennt sie den Strömungswiderstand F_W. Wegen der quadratischen Abhängigkeit des dynamischen Drucks von der Strömungsgeschwindigkeit steigt der Strömungswiderstand ebenfalls quadratisch mit der Geschwindigkeit:

$$F_W = c_W \, \frac{\rho_{Fl}}{2} \, v^2 \, A \,,$$

wobei A die Querschnittfläche des Körpers senkrecht zur Strömung darstellt und c_W eine Konstante ist, die von der Form des Körpers abhängt.

Dynamischer Auftrieb

Abhängig von der Form umströmter Körper kann es zu unterschiedlichen Strömungsgeschwindigkeiten an den Seiten des Körpers kommen. Dies führt zu Unterschieden im dynamischen und statischen Druck und damit zu einer Kraft quer zur Strömungsrichtung. Ist der Körper so orientiert, dass diese Kraft nach oben zeigt, sprechen wir vom dynamischen Auftrieb. Er hat eine große praktische Bedeutung. Unter anderem hält der dynamische Auftrieb Flugzeuge in der Luft. Wir können ihn analog zum Strömungswiderstand quantifizieren:

$$F_A = c_A \, \frac{\rho_{Fl}}{2} \, v^2 \, A \,,$$

wobei auch hier die Details der Strömung in einem Formfaktor c_A absorbiert sind.

Der Magnus-Effekt

Rotiert ein Körper in einer Strömung, so überlagert sich die Geschwindigkeit der von den Oberflächen mitgenommenen Schichten mit der Bewegung der Strömung. Wo sie gleichgerichtet sind, erhöht sich der dynamische Druck, während er sich auf der gegenüberliegenden Seite des Körpers reduziert. Auch hieraus resultiert eine Kraft. Wir sprechen vom Magnus-Effekt.

Wichtige Begriffe

Bahnlinie	Verfolgt Elemente des Fluids durch die Strömung.
Bernoulli-Gleichung	Beschreibt die Beiträge zum Gesamtdruck in einem strömenden Fluid.
dynamischer Auftrieb	Auftriebskraft resultierend aus dem dynamischen Druck unter und über dem Körper.
dynamischer Druck	Beitrag der Bewegung zum Gesamtdruck $(\frac{1}{2}\rho v^2)$.
Geschwindigkeitsfeld	Beschreibt eine Strömung vollständig.
Gesetz von Hagen-Poiseuille	Beschreibt den Volumenstrom durch ein rundes Rohr bei laminarer Strömung.
ideales Fluid	Näherungsweise Behandlung eines Fluids als reibungsfrei und inkompressibel.
Kontinuitätsgleichung	Beschreibt den Erhalt des Fluids.
laminare Strömung	Glatte, stationäre Strömung ohne Wirbel.
Magnuseffekt	Querkraft auf rotierende Körper in einer Strömung.
Massenstrom	Masse des Fluids, das in einer festen Zeiteinheit durch eine vorgegebene Fläche strömt.
Reynolds-Zahl	Ungefähres Maß für die Turbulenz einer Strömung.
statischer Druck	Vom ruhenden Fluid ausgehender Beitrag zum Gesamtdruck.
Staurohr	Manometer zur Messung des Gesamtdrucks in einer Strömung.
Steigrohr	Einfache Anordnung zur Bestimmung des statischen Drucks.
Stokes'sches Gesetz	Reibungskraft an einer umströmten Kugel.
Stokes'sche Reibung	Beschreibt die Reibung eines umströmten Körpers mit dem Fluid in laminarer Strömung.
Stromlinie	Gibt die Bewegungsrichtung in einer Strömung an.
Strömungswiderstand	Reibungskraft in turbulenten Strömungen.
turbulente Strömung	Strömung mit Wirbeln.
Viskosität	Materialkonstante; bestimmt die Reibung im Fluid.
Volumenstrom	Volumen des Fluids, das in einer festen Zeiteinheit durch eine vorgegebene Fläche strömt.
Wirbel	Lokale, zirkulare Strömungen.

Experimente

Hydrodynamisches Paradoxon

Ziel: Nachweis des dynamischen Drucks.

Methode: Mit Steigrohren beobachten wir den statischen Druck entlang eines Rohrs.

Ergebnis: Entlang eines Rohrs mit einem konstanten Durchmesser beobachten wir einen linearen Abfall des statischen Drucks, wie dies für eine laminare Strömung erwartet wird. Setzen wir ein Rohr mit einer Verengung ein, so zeigt sich entgegen der Intuition an der Verengung eine deutliche Reduktion des statischen Drucks.

Abb. 22 Steighöhen an einem Rohr mit konstantem Querschnitt,
© RWTH Aachen, Sammlung Physik

Abb. 23 Steighöhen an einem Rohr mit Verengung,
© RWTH Aachen, Sammlung Physik

Dynamischer Auftrieb an einer Tragfläche

Ziel: Messung des dynamischen Auftriebs an einer Tragfläche.

Methode: Ein Teilstück einer Tragfläche wird in einen Luftkanal eingebracht. Die Tragfläche ist an einem Schlitten aufgehängt, der sich in Strömungsrichtung bewegen kann und die Messung des Luftwiderstands erlaubt. Die Tragfläche hängt an einem Kraftmesser, der die Reduktion des Gewichts der Tragfläche durch den Auftrieb anzeigt.

Ergebnis: Für verschiedene Profile und Anstellwinkel lassen sich Luftwiderstand und Auftrieb ablesen. Bei Anstellwinkeln von wenigen Grad zeigt sich ein deutlicher Auftrieb bei moderatem Luftwiderstand.

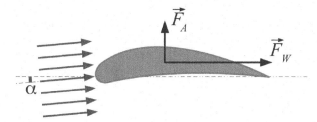

Abb. 24 Kräfte an einem Tragflächenprofil

Weitere wichtige Experimente

- Strömungen im Strömungskanal
- Eimer mit Loch
- Prandtl'sches Staurohr
- Wasserstrahlpumpe
- Schwebende Kugeln im Luftstrom
- Aerodynamisches Paradoxon
- Hagen-Poiseuille
- Stokes'sches Gesetz
- Strömungswiderstand
- Rauchringe
- Magnus-Effekt

Mindmap

Notizen

Kontrolle

Hier finden Sie die flashcards. Üben Sie noch einmal! sn.pub/Mf8g6C

Folgende Aufgaben zum Abschluss des Kapitels:

☐ Erklären Sie den Unterschied zwischen einer Bahnlinie und einer Stromlinie. In welchen Fällen unterscheiden sie sich?

☐ Was verstehen Sie unter einer laminaren und einer turbulenten Strömung?

☐ Definieren Sie den Volumenstrom durch ein Rohr. Leiten Sie den Zusammenhang zum Massenstrom ab.

☐ Beschreiben Sie die Aussage der Kontinuitätsgleichung mit ihren eigenen Worten.

☐ Blasen Sie Luft durch einen Spalt zwischen zwei parallelen Blätter, werden diese zusammengezogen. Erklären Sie dies.

☐ Styroporkugeln schweben im starken Luftstrom eines Gebläses, selbst wenn dieser nicht exakt nach oben gerichtet ist. Erklären Sie, warum die Kugeln nicht herunterfallen.

☐ Erklären Sie die Funktionsweise einer Wasserstrahlpumpe mit Hilfe der Bernoulli-Gleichung.

☐ Skizzieren Sie eine Messanordnung für den statischen, den dynamischen und den totalen Druck.

☐ Definieren Sie den Begriff des idealen Fluids.

☐ Welchen Ansatz würden Sie für die Reibungskraft zwischen zwei aneinander angrenzenden Schichten eines Fluids wählen, deren Geschwindigkeit sich um Δv unterscheidet?

☐ Der Radius eines Druckwasserrohrs hat sich durch Ablagerungen an den Wänden auf 90 % des ursprünglichen Radius reduziert. Um wie viel reduziert sich der Volumenstrom durch das Rohr? Wie weit müssten Sie den Druck erhöhen, um den ursprünglichen Strom wiederherzustellen?

☐ Vergleichen Sie Stokes'sche Reibung und Luftwiderstand an einem PKW.

☐ Beschreiben Sie den dynamischen Auftrieb an den Tragflächen eines Flugzeugs. Welche Größen bestimmen den Auftrieb?

☐ Beschreiben Sie ein Beispiel für den Magnus-Effekt.

Lerneinheit beendet am _____

Teil IV

Schwingungen und Wellen

[LE-14] Schwingungen

Hier geht es zum entsprechenden Kapitel im Online-Kurs: sn.pub/DaOaFA

Was haben Sie bereits erledigt?

☐ Wiederholung des Stoffs

☐ Kenntnis der wichtigsten Begriffe

☐ Mindmap erstellt

☐ Kontrollfragen

Lerneinheit begonnen am _____

S. Roth, A. Stahl, *Der Mechanik-Coach*, https://doi.org/10.1007/978-3-662-63618-3_14

Zusammenfassung

Freie Schwingungen

Schwingungen sind periodische Bewegungen. Sie erfordern eine Rückstellkraft, die das System nach einer Auslenkung wieder zurück in die Ruhelage (Gleichgewichtslage) bewegt. Nimmt die Rückstellkraft linear mit der Auslenkung zu ($F_r(x) = -kx$), entsteht eine sinusförmige Bewegung. Wir sprechen dann von einer harmonischen Schwingung. Die zugehörige Differentialgleichung (DGL) lautet:

$$\frac{d^2 x(t)}{dt^2} + \omega_0^2\, x(t) = 0\,,$$

mit der Auslenkung $x(t)$. Die Frequenz der Schwingung ergibt sich zu $\omega_0 = \sqrt{k/m}$. Die Lösung der DGL lautet: $x(t) = x_0 \cos(\omega_0 t + \varphi_0)$ mit einer beliebigen Amplitude x_0 und einer beliebigen Phase φ_0. Das mathematische Pendel, das physikalische Pendel und das Federpendel stellen für kleine Auslenkungen Beispiele harmonischer Schwingungen dar.

Die Gesamtenergie eines frei schwingenden Systems ist erhalten. Sie ergibt sich als Summe von kinetischer und potenzieller Energie als:

$$E_{\text{tot}} = \frac{1}{2}\, m\, v(t)^2 + \frac{1}{2}\, m\, \omega_0^2\, x(t)^2 = \frac{1}{2}\, m\, v_0^2 = \frac{1}{2}\, m\, \omega_0^2\, x_0^2\,,$$

wobei $v_0 = \omega_0 x_0$ die Geschwindigkeit beim Durchlaufen der Ruhelage bezeichnet.

Wir können Schwingungen, wie alle anderen Bewegungen auch, in einem Phasenraum darstellen, der von den Koordinaten $x(t)$ und den zugehörigen Geschwindigkeiten $v(t) = \frac{dx(t)}{dt}$ aufgespannt wird. Jeder Punkt im Phasenraum beschreibt eindeutig den Bewegungszustand des Systems. Im Fall einer harmonischen Schwingung durchläuft das System Ellipsen im Phasenraum (beachten Sie, dass die beiden Achsen unterschiedliche Einheiten tragen). Die Schnittpunkte mit der horizontalen Achse markieren die Umkehrpunkte, die Schnittpunkte mit der vertikalen Achse die Durchgänge durch die Ruhelage. Die Amplitude bestimmt die Halbachsen der Ellipsen, die Phase den Startpunkt der Bewegung auf der Ellipse.

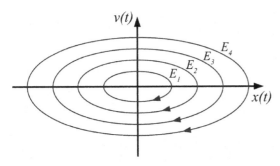

Abb. 25 Darstellung freier Schwingungen im Phasenraum

Gedämpfte Schwingungen

Treten neben der Rückstellkraft auch Reibungskräfte auf, kommt es zu gedämpften Schwingungen. Die Amplitude der Schwingung nimmt mit der Zeit ab. In vielen Fällen ist die Reibungskraft proportional zur Geschwindigkeit ($F_R = -c\,v\,(t)$). Dies führt auf die DGL

$$\frac{d^2 x\,(t)}{dt^2} + 2\gamma\,\frac{dx\,(t)}{dt} + \omega_0^2\,x\,(t) = 0\,,$$

mit der Dämpfungskonstanten $\gamma = \frac{1}{2}\,c/m$. Bei der Lösung unterscheiden wir die schwache Dämpfung ($\gamma < \omega_0$) und die starke Dämpfung ($\gamma > \omega_0$). Die Bewegung unter schwacher Dämpfung ähnelt der freien Schwingung. Allerdings nimmt die Amplitude exponentiell ab: $x\,(t) = x_0\,e^{(-\gamma t)}\,\cos\,(\omega_0 t + \varphi_0)$. Unter starker Dämpfung ist keine periodische Bewegung mehr möglich. Das System kehrt nach einmaliger Anregung allmählich in die Ruhelage zurück. Der aperiodische Grenzfall ($\gamma = \omega_0$) markiert den Übergang zwischen schwacher und starker Dämpfung.

Erzwungene Schwingungen

Wirkt neben den internen Kräften eine periodische Kraft von außen auf das System ein, kommt es zu erzwungenen Schwingungen. Interessant ist der Fall sinusförmiger periodischer Anregungen: $F_{\text{ext}} = F_0\,\cos\,(\omega t)$. Dabei muss die Frequenz ω der externen Anregung keineswegs mit der Eigenfrequenz ω_0 des Systems übereinstimmen. Die Phase der Anregung kann durch Wahl des Zeitnullpunkts auf einen beliebigen Wert festgelegt werden (hier auf $\cos\,(\omega t)$). Die DGL lautet:

$$\frac{d^2 x\,(t)}{dt^2} + 2\gamma\,\frac{dx\,(t)}{dt} + \omega_0^2\,x\,(t) = K\,\cos\,(\omega t)\,,$$

mit $K = F_0/m$. Der allgemeine Fall kann als Überlagerung solch sinusförmiger Anregungen betrachtet werden (Fourierkomposition). Als Reaktion auf die äußere Anregung schwingt das System mit deren Frequenz ω: $x\,(t) = x_0\,(K, \omega)\,\cos\,(\omega t + \varphi_0\,(\omega))$. Allerdings sind nun weder Amplitude noch Phase der Schwingung frei. Sie werden durch die Frequenz ω und die Stärke F_0 der äußeren Anregung bestimmt. Abbildung 26 zeigt den Verlauf von Amplitude und Phase gegen die anregende Frequenz ω. Die Kurven sind durch die Eigenfrequenz ω_0 und die Güte $Q = \omega_0/(2\gamma)$ parametrisiert. Sie zeigen einige wichtige Eigenschaften: Nähert sich die anregende Frequenz ω der Eigenfrequenz ω_0 steigt die Amplitude der Schwingung stark an. Wir sprechen von Resonanz. Die Resonanz ist umso schärfer und höher, je geringer die Dämpfung ist. Bei Frequenzen weit unterhalb der Resonanz bewegt sich das System in Phase mit der Anregung. In der Resonanz entsteht eine Phasenverschiebung von 90°. Die Bewegung hinkt der Anregung hinterher. Weit oberhalb der Resonanz erreicht die Phasenverschiebung 180°.

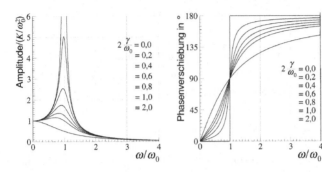

Abb. 26 Amplituden- und Phasenverlauf erzwungener Schwingungen

Beachten Sie bitte, dass in der Resonanz, insbesondere bei geringer Dämpfung, zunehmend Energie aus der Anregung in das System gepumpt wird. Dies kann zur Zerstörung des Systems führen. Wir sprechen dann von einer Resonanzkatastrophe.

Gekoppelte Schwingungen

Sind zwei schwingungsfähige Systeme so miteinander verbunden, dass Energie vom einen in das andere System und zurück übertragen werden kann, sprechen wir von gekoppelten Schwingungen. Dies können beispielsweise zwei mathematische Pendel sein, die wir über eine Feder verbinden oder zwei Federpendel, wobei wir eines an der Masse des anderen aufhängen.

Die Bewegung dieser Systeme können wir auf Eigenmoden zurückführen, das sind stationäre Bewegungen, die sich Periode für Periode exakt wiederholen. Die allgemeine Bewegung des Systems können wir durch die Überlagerung der Eigenmoden beschreiben. Im Falle einer Kopplung zweier Systeme ergeben sich zwei Eigenmoden, die sich in ihrer Frequenz unterscheiden. Sie sind in Abbildung 27 für zwei gekoppelte mathematische Pendel dargestellt. In der ersten Eigenmode

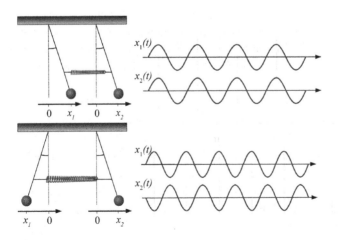

Abb. 27 Eigenmoden gekoppelter Fadenpendel

schwingen die beiden Pendel im Gleichtakt mit ihren Eigenfrequenzen ω_0. In der zweiten schwingen sie im Gegentakt mit einer höheren Frequenz.

Regen wir zu Beginn nur eines der beiden Pendel an, entsteht eine Schwebung. Die Energie des angeregten Pendels überträgt sich allmählich auf das zweite Pendel. Das erste kommt zum Stillstand. Danach wird die Energie wieder zurück übertragen, bis das erste Pendel seine ursprüngliche Amplitude wieder erreicht hat und das zweite erneut ruht. Dann beginnt der Prozess von vorne. Jedes der Pendel schwingt mit einer Frequenz, die dem arithmetischen Mittel der beiden Eigenfrequenzen entspricht ($\frac{1}{2}(\omega_1 + \omega_2)$). Die Frequenz der Schwebung ist mit $\frac{1}{2}|\omega_1 - \omega_2|$ deutlich geringer.

Koppeln wir mehr als zwei Schwingungen, können sich mehr Eigenmoden ausbilden. Ein gekoppeltes System mit f schwingungsfähigen Freiheitsgraden hat entsprechend f Eigenmoden, die sich in ihrer Frequenz und in der Phase der einzelnen Schwingungen zueinander unterscheiden.

Wellenausbreitung

Koppeln wir viele Systeme aneinander, so können sich lokale Anregungen über das gesamte System ausbreiten. Eine Schwingung regt über die Kopplung das Nachbarsystem an, welches sein Nachbarsystem anregt, usw. Es kommt zur Ausbreitung von Wellen auf dem System. Dies geschieht auf Systemen mit diskreten schwingungsfähigen Systemen ebenso wie in Systemen mit kontinuierlichen Medien. Charakteristisch ist an jeder Stelle der periodische Wechsel von kinetischer Energie in potenzielle und zurück sowie der Transport der Energie durch das Medium. Wir unterscheiden transversale Wellen, bei denen die Auslenkung in eine der beiden Richtungen senkrecht zur Ausbreitungsrichtung erfolgt, und longitudinale Wellen, bei denen die Auslenkung in Richtung der Ausbreitung der Welle erfolgt.

Ist das Medium begrenzt, kommt es an der Begrenzung zu einer Reflexion der Welle. Dabei überlagern sich hin- und rücklaufende Welle. Bei der Reflexion kann es zu einem Phasensprung kommen. Kann das Medium an seiner Grenze frei schwingen, sprechen wir von einem losen Ende, an dem die Welle ohne Phasensprung reflektiert wird. An einem festen Ende, an dem keine Schwingung möglich ist, wird die Welle mit einem Phasensprung von 180° reflektiert. Zwischenwerte des Phasensprungs treten auf, wenn das Medium an der Grenze eingeschränkt schwingt.

Ist ein Medium beidseitig begrenzt, so werden die Wellen vielfach zwischen den Grenzen hin- und herreflektiert. Dabei überlagern sich die Wellen. Eine merkliche Amplitude entsteht nur, wenn sich diese Wellen konstruktiv überlagern, was nur bei bestimmten ganzzahligen Verhältnissen zwischen der Wellenlänge und der Länge des Mediums der Fall ist. Die resultierenden Wellen haben ortsfeste Knoten und Bäuche. Wir sprechen von stehenden Wellen.

Wichtige Begriffe

aperiodischer Grenzfall	Grenze zwischen schwacher und starker Dämpfung.
Dämpfungskonstante	$2\gamma = c/m$ mit der Reibungskraft $F_R = -v(t)$.
Eigenfrequenz	Frequenz, mit der das System in Abwesenheit äußerer Kräfte schwingt.
Eigenmode	Stationäre Schwingung eines gekoppelten Systems.
erzwungene Schwingung	Bewegung unter dem Einfluss einer von außen angreifenden, periodischen Kraft.
festes Ende	Grenze eines Mediums, an dem keine Schwingung möglich ist.
Frequenz	Anzahl der Schwingungen in einer Sekunde.
gekoppelte Schwingungen	Schwingungen mit gegenseitigem Energieübertrag.
Güte	Maß für die Dämpfung eines Systems.
harmonische Schwingung	Schwingung mit sinusförmigem Verlauf ($F_r = -kx$).
Knoten	Ort in einer stehenden Welle mit verschwindender Amplitude.
Kreisfrequenz	Phasenvorschub pro Zeiteinheit (ω).
longitudinale Welle	Welle mit Schwingungen in Ausbreitungsrichtung.
loses Ende	Grenze eines Mediums ohne Einschränkung der Schwingungen.
mathematisches Pendel	Schwingender Massenpunkt an einem dünnen Faden.
Phasenraum	Mathematischer Raum aufgebaut aus den Koordinaten und Geschwindigkeiten eines Systems.
physikalisches Pendel	Starrer Körper an einem Punkt abseits seines Schwerpunkts drehbar gelagert.
Resonanz	Überhöhung der Amplitude für Anregungen nahe der Eigenfrequenz.
Resonanzkatastrophe	Zerstörung des Systems durch die anregende Kraft in der Resonanz.
Ruhelage	Auch Gleichgewichtslage genannt: Position, in der ein schwingungsfähiger Körper ruht.
schwache Dämpfung	$\gamma < \omega_0$, führt zu einer exponentiellen Abnahme der Amplitude.
Schwebung	Gekoppelte Schwingung mit periodischem Energieübertrag zwischen den Freiheitsgraden.
Schwingungsperiode	Dauer der Periode einer Schwingung.

starke Dämpfung	$\gamma > \omega_0$, Dämpfung verhindert eine periodische Bewegung.
stehende Welle	Welle auf einem beidseitig begrenzten Medium mit ortsfesten Knoten und Bäuchen.
transversale Welle	Welle mit Schwingungen quer zur Ausbreitungsrichtung.
Umkehrpunkt	Positionen, an denen der schwingende Körper seine Richtung ändert.
Welle	Räumliche Ausbreitung einer Schwingung.

Experimente

Pohl'sches Rad

Ziel: Beobachtung freier, gedämpfter und erzwungener Schwingungen.

Methode: Abbildung 28 zeigt ein Pohl'sches Rad. Das Rad (innerhalb der Winkelskala) führt Drehschwingungen um seine Achse aus. Es ist über eine Spiralfeder nach außen verbunden, die die Rückstellkraft für die Schwingungen erzeugt. Mit einer Wirbelstrombremse kann eine Dämpfung erzeugt werden.

Ergebnis: Bei ausgeschaltetem Antrieb beobachten wir freie Schwingungen mit sehr schwacher Dämpfung. Mit Hilfe der Bremse können wir den Übergang zu starker Dämpfung beobachten. Bei eingeschaltetem Motor sehen wir erzwungene Schwingungen. Durch Variation der Drehzahl des Motors können wir die Resonanzkurve durchfahren. Wir erkennen die Amplitude der erzwungenen Schwingung durch Vergleich der Amplituden der beiden Zeiger. Außerdem zeigen sie uns die Phasenverschiebung an.

Abb. 28 Pohl'sches Rad

Weitere wichtige Experimente

- Federpendel
- Physikalisches Pendel
- Mach'scher Pendelappart
- Torsionspendel
- Mathematisches Pendel
- Resonanz beim Federpendel
- Zungenfrequenzmesser
- Resonanzkatastrophe am Weinglas
- Gekoppeltes Pendel
- Metronome
- Schwebung

- Eigenmoden
- Pendelkette
- Wellenmaschine
- Seilwellen im Gummiseil
- Stehende Wellen mit Wellenmaschine
- Stehende Wellen auf Gummiseil
- Kundt'sche Staubfiguren
- Chladni'sche Klangfiguren
- Schwingungen einer Gitarrensaite

Mindmap

Notizen

Kontrolle

Hier finden Sie die flashcards. Üben Sie noch einmal! sn.pub/5uKol2

Folgende Aufgaben zum Abschluss des Kapitels:

☐ Skizzieren Sie ein mathematisches Pendel. Leiten Sie die Schwingungsfrequenz her.

☐ Skizzieren Sie ein physikalisches Pendel. Leiten Sie die Schwingungsfrequenz her.

☐ Welchen Ansatz wählen Sie für die Reibungskraft einer gedämpften Schwingung?

☐ Beschreiben Sie die Bewegung eines Federpendels im Falle schwacher und starker Dämpfung.

☐ Skizzieren Sie eine schwach gedämpfte Schwingung im Phasenraum.

☐ Erklären Sie den Begriff der Resonanz.

☐ Zeichnen Sie den Verlauf von Amplitude und Phasenlage einer erzwungenen Schwingung im Fall einer schwachen Dämpfung.

☐ Skizzieren Sie ein System zweier gekoppelter Schwingungen.

☐ Beschreiben Sie die Eigenmoden eines Systems aus drei mathematischen Pendeln, gekoppelt durch Federn zwischen dem ersten und dem zweiten sowie zwischen dem ersten und dem dritten Pendel.

☐ Beschreiben Sie die Reflexion einer Seilwelle an einer Wand. Diskutieren Sie dabei ein loses und ein festes Ende. Wie könnten diese realisiert werden?

☐ Skizzieren Sie stehende Wellen unterschiedlicher Wellenlänge auf einer Saite eines Musikinstruments.

Lerneinheit beendet am _____

[LE-15] Wellen

Hier geht es zum entsprechenden Kapitel im Online-Kurs: sn.pub/gvA4x4

Was haben Sie bereits erledigt?

☐ Wiederholung des Stoffs

☐ Kenntnis der wichtigsten Begriffe

☐ Mindmap erstellt

☐ Kontrollfragen

Lerneinheit begonnen am _____

S. Roth, A. Stahl, *Der Mechanik-Coach*, https://doi.org/10.1007/978-3-662-63618-3_15

Zusammenfassung

Wellengleichung und Phasengeschwindigkeit

Mathematisch ergeben sich Wellen als Lösung einer Wellengleichung (hier in drei Raumdimensionen):

$$\frac{\partial^2 \psi\left(\vec{r}, t\right)}{dx^2} + \frac{\partial^2 \psi\left(\vec{r}, t\right)}{dy^2} + \frac{\partial^2 \psi\left(\vec{r}, t\right)}{dz^2} = \frac{1}{v_{\mathrm{ph}}^2}\frac{\partial^2 \psi\left(\vec{r}, t\right)}{dt^2}\,.$$

Die Lösung sind harmonische Wellen. Im einfachsten Fall sind dies ebene Wellen der Form $\psi\left(\vec{r}, t\right) = \psi_0 \sin\left(\omega t - \vec{k}\cdot\vec{r} + \varphi_0\right)$. Als charakteristische Größen treten die Frequenz f bzw. die Kreisfrequenz $\omega = 2\pi f$, die Periodendauer T, die Wellenlänge λ und der Wellenvektor $\vec{k}$ auf. Bei ebenen Wellen ist der Vektor $\vec{k}$ konstant. Sein Betrag ist $|\vec{k}| = 2\pi/\lambda$.

Wellen gibt es in einer Dimension (z. B. Seilwellen), in zwei Dimensionen (z. B. Wasserwellen) oder in drei Dimensionen (z. B. Schallwellen). Wir unterscheiden Wellen nach der Form ihrer Wellenfronten, z. B. ebene und Kreiswellen in zwei Dimensionen oder ebene Wellen, Zylinder- und Kugelwellen in drei Dimensionen. Ferner unterteilen wir Wellen nach ihrer Auslenkung in longitudinale und transversale Wellen.

Charakteristisch für ein Medium ist die Phasengeschwindigkeit v_{ph} der Wellen, das ist die Geschwindigkeit, mit der sich ein Punkt konstanter Phase durch den Raum bewegt. Sie ergibt sich aus der Wellengleichung zu $v_{\mathrm{ph}} = \omega/k$.

Wellenpakete und Gruppengeschwindigkeit

Häufig argumentieren wir mit ebenen Wellen, da diese besonders einfach zu behandeln sind. Ebene Wellen sind ein mathematisches Konstrukt. Sie beschreiben die Wirklichkeit nur begrenzt. Sie erstrecken sich mit konstanter Amplitude über den gesamten Raum und haben damit einen unendlich großen Energieinhalt. Durch eine Überlagerung ebener Wellen (Fourierkomposition) können wir räumlich begrenzte Wellenpakete erzeugen. Allerdings enthält ein solches Wellenpaket dann auch ein Spektrum an Wellen mit verschiedenen Frequenzen. Ein Wellenpaket ist durch eine Trägerfrequenz und eine Einhüllende charakterisiert. Die Einhüllende gibt den räumlichen Verlauf der Amplitude der Welle an.

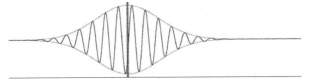

Abb. 29 Wellenpaket

Die Gruppengeschwindigkeit beschreibt die Ausbreitung des Wellenpakets durch den Raum. Sie ergibt sich zu $v_G = \frac{d\omega}{dk}$. Ist die Phasengeschwindigkeit von der Frequenz der Welle unabhängig, ergibt sich $v_{ph} = v_G$. Ist dies nicht der Fall, sprechen wir von Dispersion. Durch die Dispersion zerlaufen Wellenpakete mit der Zeit. Sie werden breiter.

Energietransport

Wellen bestehen aus vielen lokalen Schwingungen. Jede enthält einen festen Energiebetrag. Diese addieren sich zum Energieinhalt der Welle auf. Die Energiedichte einer mechanischen Welle ist $\epsilon = \frac{1}{2} \rho \psi_0^2 \omega^2$. Sie steigt quadratisch mit der Amplitude und mit der Frequenz der Welle.

Den Energietransport einer Welle beschreiben wir durch ihre Intensität. Die Intensität I gibt die Menge an Energie an, die eine Welle in einer Zeiteinheit durch eine vorgegebene Flächeneinheit transportiert. Sie ist gegeben durch $I = \epsilon v_G = \frac{1}{2} \rho v_G \psi_0^2 \omega^2$. Ferner ist mit einem Wellenpaket ein Impuls verknüpft.

Wellenphänomene

Wellen zeigen die für sie typischen Phänomene, wie Reflexion, Beugung oder Interferenz.

Wichtige Begriffe

Dispersion	Abhängigkeit von Welleneigenschaften von der Wellenlänge.
ebene Welle	Welle mit ebener Wellenfront.
Einhüllende	Amplitudenprofil eines Wellenpakets.
Frequenz	Anzahl der Schwingungen pro Sekunde an einem festen Ort im Wellenfeld.
Gruppengeschwindigkeit	Geschwindigkeit, mit der sich die Einhüllende eines Wellenpakets bewegt.
harmonische Welle	Welle mit sinusförmigem Amplitudenverlauf.
Intensität	Energie, die von einer Welle in einer Zeiteinheit durch eine Flächeneinheit transportiert wird.
Kugelwelle	Dreidimensionale Welle mit kugelförmiger Wellenfront.
Kreiswelle	Zweidimensionale Welle mit kreisförmiger Wellenfront.
longitudinale Welle	Welle mit Schwingungen in Ausbreitungsrichtung.
Phasengeschwindigkeit	Geschwindigkeit, mit der sich ein Punkt konstanter Phase durch den Raum bewegt.
transversale Welle	Welle mit Schwingungen quer zur Ausbreitungsrichtung.
Wellengleichung	Differenzialgleichung der Wellenausbreitung.
Wellenlänge	Räumlicher Abstand von Punkten gleicher Phase im Wellenfeld.
Wellenpaket	Räumlich begrenzte Welle.
Wellenvektor	Vektor in Ausbreitungsrichtung mit dem Betrag $k = 2\pi/\lambda$.
Zylinderwelle	Dreidimensionale Welle mit zylindrischer Wellenfront.

Experimente

Fourieranalyse

Ziel: Fourierzerlegung von Schallwellen; Beobachtung der Frequenzspektren.

Methode: Schall von unterschiedlichen Quellen wird durch ein Mikrofon erfasst und digitalisiert. Auf einem Rechner wird die Fouriertransformation berechnet und das Frequenzspektrum auf dem Bildschirm ausgegeben.

Ergebnis: Wir vergleichen eine Stimmgabel, die ein stark auf den Kammerton fokussiertes Frequenzspektrum zeigt, mit menschlichen Stimmen, die sehr viel reicher an Obertönen sind.

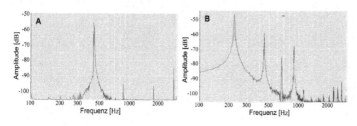

Abb. 30
Frequenzspektren einer Stimmgabel (links) und eines gesungenen Tons (rechts)

Weitere wichtige Experimente

- Wasserwellen
- Wasserwellen 2
- Reflexion von Wasserwellen
- Interferenz mit Wasserwellen

Mindmap

Notizen

Kontrolle

Hier finden Sie die flashcards. Üben Sie noch einmal! sn.pub/TNlgpI

Folgende Aufgaben zum Abschluss des Kapitels:

☐ Geben Sie die Wellengleichung an.

☐ Nennen Sie ein Beispiel einer Situation, in der eine Kreiswelle entsteht, und ebenso ein Beispiel für eine Kugelwelle.

☐ Was unterscheidet eine longitudinale von einer transversalen Welle?

☐ Klassifizieren Sie den Knall einer Pistole nach Ihrer Auslenkungsrichtung, Dimensionalität und Form der Wellenfront.

☐ Was ist eine harmonische Welle?

☐ Definieren Sie Phasen- und Gruppengeschwindigkeit.

☐ Skizzieren Sie ein Wellenpaket. Erklären Sie die Begriffe Trägerfrequenz und Einhüllende.

☐ Was versteht man unter Dispersion?

☐ Definieren Sie den Begriff der Intensität.

Lerneinheit beendet am _____

[LE-16] Akustik

Hier geht es zum entsprechenden Kapitel im Online-Kurs: sn.pub/wmadnx

Was haben Sie bereits erledigt?

☐ Wiederholung des Stoffs

☐ Kenntnis der wichtigsten Begriffe

☐ Mindmap erstellt

☐ Kontrollfragen

Lerneinheit begonnen am _____

Zusammenfassung

Schallwellen

Schallwellen sind periodische Verdichtungen und Verdünnungen des Mediums. Sie breiten sich in Gasen (z. B. Luft), Flüssigkeiten (z. B. Wasser) und Festkörpern (z. B. Fels) gleichermaßen aus. In Fluiden treten ausschließlich longitudinale Wellen auf, in Festkörpern kommen auch transversale Wellen vor.

In Luft entsteht aus der Verdichtung einzelner Luftschichten ein Überdruck, der als Rückstellkraft bei der Schallausbreitung wirkt. Die DGL lautet:

$$\frac{\partial^2 \psi\,(x,t)}{\partial t^2} = \frac{\overline{\kappa}}{\rho} \frac{\partial^2 \psi\,(x,t)}{\partial x^2}\ .$$

Die Geschwindigkeit $v_{\mathrm{G}} = v_{\mathrm{ph}} = \sqrt{\overline{\kappa}/\rho}$ ergibt sich unter Normalbedingungen zu etwa $343\,\frac{m}{s}$. Es tritt keine Dispersion auf.

Wir nehmen Schall subjektiv wahr, vornehmlich über unsere Ohren. Die Intensität der Welle bestimmt die Lautstärke, die Frequenz die Tonhöhe und das Spektrum an Obertönen den Klang des Tons. Die Lautstärke messen wir in der Physik über den Schallpegel $L = 10 \log \frac{I}{I_0}$, wobei die untere Hörgrenze $I_0 = 10^{-12}\,W/m^2$ als Referenz verwendet wird. Die Einheit des Schallpegels ist das Bel, häufig verwendet mit dem Präfix d für Dezibel.

Dopplereffekt

Bewegen sich Sender und/oder Empfänger einer Schallwelle durch das Medium, verändern sich Frequenz und Wellenlänge der Schallwelle. Wir sprechen vom Dopplereffekt. Die folgende Tabelle gibt die Formeln an.

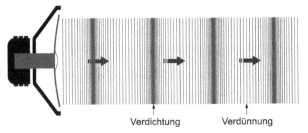

Verdichtung   Verdünnung   **Abb. 31** Schallwelle

	Bewegte Schallquelle	Bewegter Beobachter

$$\Rightarrow \Leftarrow \qquad \lambda' = \lambda\left(1 - \frac{v_Q}{v_{\text{ph}}}\right) \quad f' = \frac{f}{1 - \frac{v_Q}{v_{\text{ph}}}} \qquad\qquad \lambda' = \frac{\lambda}{1 + \frac{v_B}{v_{\text{ph}}}} \quad f' = f\left(1 + \frac{v_B}{v_{\text{ph}}}\right)$$

$$\Leftarrow \Rightarrow \qquad \lambda' = \lambda\left(1 + \frac{v_Q}{v_{\text{ph}}}\right) \quad f' = \frac{f}{1 + \frac{v_Q}{v_{\text{ph}}}} \qquad\qquad \lambda' = \frac{\lambda}{1 - \frac{v_B}{v_{\text{ph}}}} \quad f' = f\left(1 - \frac{v_B}{v_{\text{ph}}}\right)$$

Mit zunehmender Bewegung der Quelle rücken die in Bewegungsrichtung ausgesandten Wellenberge immer näher zusammen. Erreicht die Geschwindigkeit der Quelle die Schallgeschwindigkeit, überlagern sich die Wellenberge zu einem einzigen Wellenberg mit sehr großer Amplitude, der sich als transversale Ebene mit der Schallquelle mit bewegt. Wir sprechen vom Überschallknall oder von der Schallmauer. Überschreitet die Geschwindigkeit die Schallgeschwindigkeit verformt sich die Ebene in einen Kegel mit der Schallquelle in der Spitze. Wir nennen ihn den Mach'schen Kegel. Er hat einen halben Öffnungswinkel von $\sin\frac{\alpha}{2} = \frac{1}{M}$, mit der Machzahl $M = \frac{v_Q}{v_{\text{ph}}}$.

Musikinstrumente

Der Musiker regt beim Spielen eines Musikinstruments stehende Wellen auf dem Instrument an, die meist auf einen Resonanzkörper übertragen werden, welcher dann Schallwellen in der umgebenden Luft erzeugt. Um die Tonhöhe zu verändern, ändert der Spieler die Wellenlänge der stehenden Welle, was dann bei konstanter Ausbreitungsgeschwindigkeit zu einer Veränderung der Frequenz und damit der Tonhöhe der ausgesandten Wellen führt. Wir unterscheiden Saiteninstrumente, bei denen die stehenden Wellen auf gespannten Saiten erzeugt werden, Blasinstrumente, bei denen Luftsäulen schwingen und Schlaginstrumente, bei denen der Ton auf einer Membran oder auf Stäben erzeugt wird.

Wichtige Begriffe

Bel	Physikalische Einheit des Schallpegels.
Dopplereffekt	Veränderung von Wellenlänge und Frequenz von Wellen durch die Bewegung von Quelle und/oder Beobachter.
Hörgrenze	Minimale vom Menschen erkennbare Schallintensität.
Lautstärke	Menschliches Empfinden der Intensität einer Welle.
Mach'scher Kegel	Form der Wellenfront bei Bewegung der Quelle mit Überschallgeschwindigkeit.
Machzahl	Geschwindigkeit in Einheiten der Schallgeschwindigkeit.
Schallgeschwindigkeit	Phasen- und Gruppengeschwindigkeit einer Schallwelle.
Schallpegel	Logarithmisches Maß für die Intensität einer Schallwelle.
Schallwelle	Welle mit periodischer Verdichtung und Verdünnung in einem Medium.
Tonhöhe	Menschliches Empfinden der Frequenz einer Schallwelle.
Überschallknall	Überlagerung der Schallwellen bei Bewegung der Quelle mit Schallgeschwindigkeit.
Überschallmauer	Überlagerung der Schallwellen bei Bewegung der Quelle mit Schallgeschwindigkeit.

Experimente

Schallausbreitung im Vakuum

Ziel: Nachweis, dass Schall ein Medium zur Ausbreitung braucht.
Methode: Wir hängen eine Sirene an einem einfachen Ständer unter einer Vakuumglocke auf und schalten sie ein. Dann schließen wir die Vakuumglocke und pumpen die Luft ab. Der Ton wird immer leiser. Ab ca. 20 mbar ist sie nicht mehr zu hören.
Ergebnis: Im Vakuum kann sich Schall nicht ausbreiten. Er benötigt ein Medium.

Abb. 32 Versuchsaufbau mit Vakuumglocke

Weitere wichtige Experimente

- Flackernde Kerzenflamme
- Rubens'sches Flammenrohr
- Schallausbreitung in Luft
- Schallausbreitung in Holz
- Lochsirene
- Interferenz mit Schall
- Messung der Schallgeschwindigkeit
- Schallgeschwindigkeit in Helium
- Stimmlage in Helium
- Schallgeschwindigkeit in einem Festkörper
- Doppler-Effekt mit Pfeife
- Monochord

Mindmap

Notizen

Kontrolle

Hier finden Sie die flashcards. Üben Sie noch einmal! sn.pub/J9Ruc5

Folgende Aufgaben zum Abschluss des Kapitels:

☐ Beschreiben Sie die Schallausbreitung in Luft.

☐ Wie beschreiben wir physikalisch die Lautstärke eines Tons und wie dessen Tonhöhe?

☐ Leiten Sie die Formel für die Wellenlänge ab, die in Vorwärtsrichtung von einer bewegten Schallquelle emittiert wird.

☐ Konstruieren Sie einen Mach'schen Kegel und lesen Sie dessen Öffnungswinkel ab.

☐ Skizzieren Sie die Grundschwingung einer Violinsaite und die ersten Oberschwingungen.

Lerneinheit beendet am _____

[LE-17] Anhänge

S. Roth, A. Stahl, *Der Mechanik-Coach*, https://doi.org/10.1007/978-3-662-63618-3_17

Formelsammlung

Ebener Winkel $$\alpha = \frac{b}{r}$$	α: Winkel im Bogenmaß b: Länge des Bogensegments r: Radius
Raumwinkel $$\Omega = \frac{A}{r^2}$$	Ω: Raumwinkel in Steradiant A: Fläche r: Radius
Normalverteilung (Gaußkurve) $$\mathrm{Prob}\,(x) = \frac{1}{\sigma\sqrt{2\pi}}\, e^{-\frac{1}{2}\left(\frac{x-\bar{x}}{\sigma}\right)^2}$$	$\bar{x}$: Mittelwert x: Messwert σ: Standardabweichung
Geschwindigkeit $$\vec{v}\,(t) = \frac{d\vec{r}\,(t)}{dt}$$	$\vec{v}$: Geschwindigkeit $\vec{r}$: Ortsvektor t: Zeit
Beschleunigung $$\vec{a}\,(t) = \frac{d\vec{v}\,(t)}{dt} = \frac{d^2\vec{r}\,(t)}{dt^2}$$	$\vec{a}$: Beschleunigung $\vec{v}$: Geschwindigkeit $\vec{r}$: Ortsvektor t: Zeit
Zentripetalbeschleunigung $$a_Z = \frac{v_B^2}{r} = \omega^2\, r$$	v_B: Bahngeschwindigkeit ω: Kreisfrequenz r: Radius
Grundgesetz der Mechanik $$\vec{F} = m\,\vec{a} = \frac{d\vec{p}}{dt}$$	$\vec{F}$: angreifende Kraft m: Masse des Körpers $\vec{p}$: Impuls t: Zeit
Grundgesetz (Nichtinertialsysteme) $$m\,\vec{a} = \vec{F}_{\text{Real}} + \vec{F}_{\text{Schein}}$$	m: Masse $\vec{a}$: Beschleunigung $\vec{F}$: Reale und Scheinkräfte
Reaktionsprinzip $$\vec{F}_{A\to B} = -\vec{F}_{B\to A}$$	$\vec{F}_{A\to B}$: Kraft des Körpers A auf B $\vec{F}_{B\to A}$: Kraft des Körpers B auf A
Superposition der Kräfte $$\vec{F}_{\text{ges}} = \sum_i \vec{F}_i$$	$\vec{F}_{\text{ges}}$: Gesamtkraft $\vec{F}_i$: einzelne Kräfte
Arbeit $$W = \int_A^B \vec{F} d\vec{s}$$	$\vec{F}$: Kraft $\vec{s}$: Weg A,B: Anfangs- und Endpunkte des Wegs
Leistung $$P = \frac{dW}{dt}$$	P: Leistung W: Arbeit t: Zeit

kinetische Energie $$E_{\mathrm{kin}} = \frac{1}{2}\,m\,v^2$$	m: Masse des Körpers v: Geschwindigkeit des Körpers
Lageenergie $$E_{\mathrm{L}} = m\,g\,h$$	m: Masse des Körpers g: Fallbeschleunigung ($g \approx 9{,}81\,m/s^2$) h: Höhe
Federenergie $$E_{\mathrm{D}} = \frac{1}{2}\,D\,s^2$$	D: Federkonstante s: Auslenkung
Impuls $$\vec{p} = m\,\vec{v}$$	m: Masse $\vec{v}$: Geschwindigkeit
Massenmittelpunkt $$\vec{r}_{\mathrm{MM}} = \frac{\sum_i m_i \vec{r}_i}{\sum_i m_i} \text{ bzw. } \frac{1}{M}\int_V \rho(\vec{r})\,d\vec{r}$$	m_i: Massen der Massenpunkte $\vec{r}_i$: Positionen der Massenpunkte ρ: Dichte
Kraftstoß $$\vec{T} = \int \vec{F}\,dt$$	$\vec{F}$: Kraft t: Zeit
Zentripetalkraft $$\vec{F}_{\mathrm{ZP}} = -m\,\frac{v_{\mathrm{B}}^2}{r_\perp}\,\hat{e}_r = -m\,\omega^2\,\vec{r}_\perp$$	m: Masse v_{B}: Bahngeschwindigkeit $\vec{\omega}$: Winkelgeschwindigkeit $\vec{r}_\perp$: senkrechter Abstand zur Drehachse
Zentrifugalkraft (Scheinkraft) $$\vec{F}_{\mathrm{Z}} = m\,\frac{v_{\mathrm{B}}^2}{r_\perp}\,\hat{e}_r = m\,\omega^2\,\vec{r}_\perp$$	m: Masse v_{B}: Bahngeschwindigkeit $\vec{\omega}$: Winkelgeschwindigkeit $\vec{r}_\perp$: senkrechter Abstand zur Drehachse
Coriolis-Kraft $$\vec{F}_{\mathrm{C}} = 2\,m\,\vec{v}\,' \times \vec{\omega}$$	m: Masse $\vec{v}\,'$: Geschwindigkeit in S' $\vec{\omega}$: Winkelgeschwindigkeit
Gravitationsgesetz $$\vec{F}_{\mathrm{G}} = G\,\frac{m_1\,m_2}{r^2}\,\hat{e}_r$$	G: Gravitationskonstante ($6{,}67430\cdot 10^{-11}\,\frac{m^2}{kg\,s^2}$) m_1, m_2: Massen der Körper $\vec{r}$: Abstand der Massen
Drittes Kepler'sches Gesetz $$\frac{T^2}{a^3} = \text{konst.}$$	T: Umlaufzeit des Planeten a: Große Halbachse
Gravitationsfeldstärke $$\vec{G} = \frac{\vec{F}_{\mathrm{G}}}{m}$$	$\vec{F}_{\mathrm{F}}$: Gravitationskraft m: Probemasse
Potenzielle Energie $$E_{\mathrm{pot}} = -G\,\frac{m\,M}{r}$$	G: Gravitationskonstante m, M: Massen r: Abstand
Gravitationspotenzial $$\phi_{\mathrm{G}} = \frac{E_{\mathrm{pot}}}{m}$$	E_{pot}: potenzielle Energie m: Probemasse

Schwerkraft auf der Erde $$\vec{F} = m\,\vec{g}$$	$\vec{F}$ m: $\vec{g}$:	Gewichtskraft Masse des Körpers Fallbeschleunigung
Haftreibung $$\vec{F}_{\mathrm{R,Haft}} \le \mu_{\mathrm{H}}\,\vec{F}_{\mathrm{N}}$$	μ_{H}: $\vec{F}_{\mathrm{N}}$:	Haftreibungskoeffizient Normalkraft
Gleitreibungskraft $$\vec{F}_{\mathrm{R,Gleit}} = \mu_{\mathrm{G}}\,\vec{F}_{\mathrm{N}}$$	μ_{G}: $\vec{F}_{\mathrm{N}}$:	Gleitreibungskoeffizient Normalkraft
Rollreibung $$\vec{F}_{\mathrm{R,Roll}} = \mu_{\mathrm{R}}\,\frac{\vec{F}_{\mathrm{N}}}{r}$$	μ_{R}: $\vec{F}_{\mathrm{N}}$: r:	Rollreibungskoeffizient Normalkraft Radius des Rads
Drehmoment $$\vec{M} = \vec{r} \times \vec{F}$$	$\vec{r}$: $\vec{F}$:	Kraftarm angreifende Kraft
Drehimpuls $$\vec{L} = \vec{r} \times \vec{p}$$	$\vec{r}$: $\vec{p}$:	Ortsvektor vom Drehpunkt Impuls
Grundgesetz Drehungen (Drallsatz) $$\vec{M} = \frac{d\vec{L}}{dt}$$	$\vec{M}$: $\vec{L}$: t:	Drehmoment Drehimpuls Zeit
Kreiselgleichung $$\frac{d\vec{L}}{dt} = \vec{\omega}_{\mathrm{P}} \times \vec{L}$$	$\vec{L}$: $\vec{\omega}_{\mathrm{P}}$:	Drehimpuls Präzessionsgeschwindigkeit
Trägheitsmoment $$I = \sum_i r_\perp^2 m_i \text{ bzw. } \int_V r_\perp^2 dm$$	$r_\perp$: m_i: V:	senkrechter Abstand von der Drehachse Massenelemente Volumen des Körpers
Trägheitstensor $\tilde{I} = (I_{ij})$ $$I_{ij} = \int_V \left(r^2 \delta_{ij} - r_i r_j\right) dm$$	$\vec{r}$: δ_{ij}: dm:	(r_1, r_2, r_3) Ortsvektor vom Schwerpunkt Kronecker-Symbol (= 1, falls $i = j$, 0 sonst) Massenelement d. Körpers
Satz von Steiner $$I_{\mathrm{A}} = I_{\mathrm{S}} + a^2 M$$	I_{S}: I_{A}: a: M:	I bzgl. Schwerpunkt I bzgl. Achse durch A Abstand zum Schwerpunkt Masse
Drehimpuls $$\vec{L} = I\,\vec{\omega} \text{ bzw. } \vec{L} = \tilde{I}\,\vec{\omega}$$	I: $\tilde{I}$: $\vec{\omega}$:	Trägheitsmoment Trägheitstensor Winkelgeschwindigkeit
Rotationsenergie $$E_{\mathrm{rot}} = \frac{1}{2} I\,\omega^2$$	I: ω:	Trägheitsmoment Winkelgeschwindigkeit
Arbeit $$W = \vec{M} \cdot \vec{\varphi} \text{ bzw. } \int \vec{M} \cdot d\vec{\varphi}$$	$\vec{M}$: $\vec{\varphi}$:	Drehmoment Drehwinkel

Leistung $$P = \vec{M} \cdot \vec{\omega}$$	$\vec{M}$: $\vec{\omega}$:	Drehmoment Winkelgeschwindigkeit
Bahngeschwindigkeit $$\vec{v}_\mathrm{B} = \vec{\omega} \times \vec{r}$$	$\vec{\omega}$: $\vec{r}$:	Winkelgeschwindigkeit Ortsvektor von der Achse
Spannung $$\sigma = \frac{F}{A}$$	F: A:	Kraft Fläche
Hooke'sches Gesetz $$\sigma = E\,\epsilon$$	E: ϵ:	Elastizitätsmodul rel. Längenänderung $\frac{\Delta L}{L}$
Querkontraktion $$\frac{\Delta d}{d} = -\mu\,\frac{\Delta L}{L}$$	Δd: ΔL: μ:	Änderung der Dicke Änderung der Länge Querkontraktionsfaktor
Kompression $$\frac{\Delta V}{V} = 3\,(1-2\mu)\,\frac{\Delta p}{E}$$	ΔV: Δp: E: μ:	Volumenänderung Druckänderung Elastizitätsmodul Querkontraktionsfaktor
Hooke'sches Gesetz (Scherung) $$\tau = G\,\alpha$$	τ: G: α:	Scherspannung Schubmodul Scherwinkel
Druck $$p = \frac{|F_\perp|}{A}$$	$F_\perp$: A:	Kraft senkrecht zur Fläche Fläche
Volumenarbeit $$W = \int p\,dV$$	p: dV:	Druck Volumenelement
Kompression eines Fluids $$\frac{\Delta V}{V} = \frac{1}{\overline{\kappa}}\,\Delta p = \kappa\,\Delta p$$	ΔV: Δp: $\overline{\kappa}$: κ:	Volumenänderung Druckänderung Kompressionsmodul Kompressibilität
Schweredruck $$p\,(z) = \rho\,g\,z + p_0$$	ρ: g: z: p_0:	Dichte Fallbeschleunigung Tiefe Umgebungsdruck
Barometrische Höhenformel $$p\,(h) = p_0 \exp\left(-\frac{\rho_0}{p_0}\,g\,h\right)$$	h: g: p_0: ρ_0:	Höhe Fallbeschleunigung Referenzdruck Referenzdichte
Auftrieb $$F_\mathrm{A} = \rho_\mathrm{Fl}\,V\,g$$	ρ_Fl: V: g:	Dichte (verdrängtes Fluid) Volumen des Körpers Fallbeschleunigung
Oberflächenspannung $$\sigma = \frac{\Delta W}{\Delta A} = \frac{F}{L}$$	ΔW: ΔA: F: L:	Arbeit Vergr. der Oberfläche Kraft Länge, auf der die Oberfläche vergrößert wird.

Kapillarengesetz $$h_{max} = \frac{2\sigma}{\rho g}\frac{\cos\alpha}{r}$$	σ: Haftspannung ρ: Dichte des Fluids g: Fallbeschleunigung α: Grenzwinkel zur Gefäßwand r: Radius der Kapillare
Volumenstrom $$I = \frac{dV}{dt}$$	dV: Volumeneinheit t: Zeit
Massenstrom $$J = \frac{dm}{dt}$$	dm: Masseneinheit t: Zeit
Massenstromdichte $$\vec{j} = \rho\,\vec{v}$$	ρ: Dichte des Fluids $\vec{v}$: Geschwindigkeit
Kontinuitätsgleichung $$-\mathrm{div}\,\vec{j}\,(\vec{r},t) = \frac{\partial\rho\,(\vec{r},t)}{\partial t}$$	$\vec{j}$: Massenstromdichte ρ: Dichte t: Zeit
Bernoulli-Gleichung $$p_{stat} + \frac{1}{2}\rho v^2 + \rho g h = p_{tot}$$	p_{stat}: statischer Druck p_{tot}: Gesamtdruck ρ: Dichte v: Strömungsgeschwindigkeit g: Fallbeschleunigung h: Höhe
Reibung in laminarer Strömung $$F_R = \eta\frac{dv}{dx}A$$	η: Viskosität $\frac{dv}{dx}$: Geschwindigkeitsprofil A: Fläche
Hagen-Poiseuille'sches Gesetz $$I = \frac{8\eta}{\pi}\frac{\Delta p}{L}R^4$$	η: Viskosität Δp: Druckdifferenz L: Länge der Röhre R: Radius der Röhre
Stokes'sche Reibung $$F_R = -6\pi\,\eta\,R\,v$$	η: Viskosität R: Radius der Kugel v: Strömungsgeschwindigkeit
Strömungswiderstand $$F_W = c_W\frac{\rho}{2}v^2 A$$	c_W: Widerstandsbeiwert ρ: Dichte des Fluids v: Strömungsgeschwindigkeit A: Querschnittsfläche
Reynoldszahl $$\mathrm{Re} = \frac{\rho v D}{\eta}$$	ρ: Dichte v: Strömungsgeschwindigkeit D: charakteristische Dimension η: Viskosität
Periodendauer $$T = \frac{1}{f}$$	f: Frequenz
Frequenz $$\omega = 2\pi f$$	ω: Kreisfrequenz f: Frequenz
Wellenzahl $$k = \frac{2\pi}{\lambda}$$	λ: Wellenlänge

Eigenfrequenz des Federpendels $$\omega_0 = \sqrt{D/m}$$	D:	Federkonstante
	m:	Masse des Pendelkörpers
Eigenfrequenz, math. Pendel $$\omega_0 = \sqrt{g/l}$$	g:	Fallbeschleunigung
	l:	Länge des Pendels
Eigenfrequenz, phys. Pendel $$\omega = \sqrt{\frac{mgl}{I}}$$	m:	Masse
	g:	Fallbeschleunigung
	l:	Abstand Drehpunkt zum Schwerpunkt
	I:	Trägheitsmoment
Dämpfungskonstante $$2\gamma = \frac{c}{m}$$	c:	Reibungskonst.: $F_R = -c\,v$
	v:	Geschwindigkeit
	m:	Masse
Güte $$Q = \frac{\omega_0}{2\gamma}$$	ω_0:	Eigenfrequenz
	γ:	Dämpfungskonstante
Wellengleichung $$\frac{\partial^2 \psi(z,t)}{dz^2} = \frac{1}{v_{\mathrm{ph}}^2}\frac{\partial^2 \psi(z,t)}{dt^2}$$	ψ:	Auslenkung
	v_{ph}:	Phasengeschwindigkeit
Phasengeschwindigkeit $$v_{\mathrm{ph}} = \frac{\omega}{k}$$	ω:	Frequenz der Welle
	k:	Wellenzahl
Gruppengeschwindigkeit $$v_{\mathrm{g}} = \frac{d\omega}{dk}$$	ω:	Frequenz der Welle
	k:	Wellenzahl
Energiedichte $$\epsilon = \frac{1}{2}\rho\,\psi_0^2\,\omega^2$$	ρ:	Dichte
	ψ_0:	Amplitude
	ω:	Frequenz
Intensität $$I = \frac{1}{2}\rho\,v_{\mathrm{g}}\,\psi_0^2\,\omega^2 = v_{\mathrm{g}}\,\epsilon$$	ρ:	Dichte
	v_{g}:	Gruppengeschwindigkeit
	ψ_0:	Amplitude
	ω:	Frequenz
	ϵ:	Energiedichte
Schallgeschwindigkeit $$v = \sqrt{\frac{\gamma p_0}{\rho}}$$	γ:	Adiabatenindex
	p_0:	Luftdruck
	ρ:	Dichte der Luft
Lautstärke / Schallpegel $$L\,[\mathrm{dB}] = 10\log\frac{I}{I_0}$$	I:	Intensität
	I_0:	Hörschwelle
	dB:	Einheit (B $\equiv$ Bel)
Dopplereffekt (bewegte Quelle) $$\lambda' = \lambda\left(1 \mp \frac{v_{\mathrm{Q}}}{v_{\mathrm{ph}}}\right)$$	v_{Q}:	Geschwindigkeit der Quelle
	v_{ph}:	Schallgeschwindigkeit

Dopp!ereffekt (bewegter Beob.) $$\lambda' = \dfrac{\lambda}{1 \pm \frac{v_{\mathrm{B}}}{v_{\mathrm{ph}}}}$$	v_{B}: Geschwindigkeit des Beob. v_{ph}: Schallgeschwindigkeit
Mach'scher Kegel $$\sin\dfrac{\alpha}{2} = \dfrac{1}{M}$$	α: Öffnungswinkel des Kegels M: Machzahl $\left(\frac{v}{v_{\mathrm{ph}}}\right)$

Naturkonstanten

$g \approx 9,81 \, \dfrac{m}{s^2}$	Newton'sche Gravitationskonstante
$G = 6,67430\,(15) \cdot 10^{-11} \, \dfrac{m^3}{kg\,s^2}$	Fallbeschleunigung Der genaue Wert ist ortsabhängig.
$\rho_{H_2O} = 1 \, \dfrac{kg}{\ell}$	Daran orientierte sich früher die Definition des Kilogramms.
$U_E = 40\,000\,km$	Erdumfang Ursprüngliche Definition des Meters.
$p_0 = 101325\,Pa$	Normaldruck
$c = 299\,792\,458 \, \dfrac{m}{s}$	Lichtgeschwindigkeit im Vakuum
$v_{Schall} = 343,2 \, \dfrac{m}{s}$	Schallgeschwindigkeit in trockener Luft bei 20°.
$m_E = 5,972 \cdot 10^{24}\,kg$	Masse der Erde
$m_{Sonne} = 1,989 \cdot 10^{30}\,kg$	Masse der Sonne
$d_{Sonne} = 149\,600\,000\,km$	Bahnradius der Erde entspricht dem Abstand Erde - Sonne.
$N_A = 6,022\,140\,76 \cdot 10^{23}$	Avogadrokonstante
$f_A = 440\,Hz$	Kammerton a
$I_0 = 10 \cdot 10^{-12} \, \dfrac{W}{m^2}$	Hörschwelle

Mathematischer Anhang

Ableitungen

Im folgenden finden Sie die Ableitungen der wichtigsten Funktionen. In der Tabelle ist x die Variable, a und b sind reelle Zahlen und n eine ganze, positive Zahl. Werte der Variablen x, bei denen der Nenner zu null wird, sind auszuschließen.

Funktion	Ableitung
a	0
$a\,x$	a
$(ax)^n$	$a\,n\,(ax)^{n-1}$
$\dfrac{1}{(ax)^n}$	$\dfrac{-a\,n}{(ax)^{n+1}}$
$\sqrt{ax}$	$\dfrac{a}{2\sqrt{ax}}$
$\sqrt[n]{ax}$	$\dfrac{a}{n\,\sqrt[n]{(ax)^{n-1}}}$
e^{ax}	$a\,e^{ax}$
b^{ax}	$a\,b^{ax}\,\ln b$
$\ln(ax)$	$\dfrac{1}{x}$
$\log_b(ax)$	$\dfrac{1}{x}\log_b e = \dfrac{1}{x\,\ln b}$

Funktion	Ableitung
$\sin(ax)$	$a\,\cos(ax)$
$\cos(ax)$	$-a\,\sin(ax)$
$\tan(ax)$	$\dfrac{a}{\cos^2(ax)}$
$\cot(ax)$	$\dfrac{-a}{\sin^2(ax)}$
$\sinh(ax)$	$a\,\cosh(ax)$
$\cosh(ax)$	$a\,\sinh(ax)$
$\tanh(ax)$	$\dfrac{a}{\cosh^2(ax)}$
$\arcsin(a\,x)$	$\dfrac{a}{\sqrt{1-(ax)^2}}$
$\arccos(a\,x)$	$\dfrac{-a}{\sqrt{1-(ax)^2}}$

Mathematische Konstanten

π	$3,141\,592\,653\ldots$	Kreiszahl
e	$2,718\,281\,828\ldots$	Euler'sche Zahl
$\sqrt{2}$	$1,414\,213\,562\ldots$	
$\sin 60°$	$0,866\,025\,403\ldots$	$= \cos 30°$

Integrale

In der Tabelle sind a und b reele Zahlen und n eine ganze Zahl.

Integral	Stammfunktion	
$\int (ax+b)^n \, dx$	$\dfrac{(ax+b)^{n+1}}{a(n+1)}$	$n \neq -1$
$\int \dfrac{1}{ax+b} \, dx$	$\dfrac{1}{a} \ln|ax+b|$	
$\int x(ax+b)^n \, dx$	$\dfrac{ax(n+1)-b}{a^2(n+1)(n+2)} (ax+b)^{n+1}$	$n > 0$
$\int \dfrac{x}{ax+b} \, dx$	$\dfrac{x}{a} - \dfrac{b}{a^2} \ln|ax+b|$	
$\int \dfrac{x}{(ax+b)^2} \, dx$	$\dfrac{b}{a^2(ax+b)} + \dfrac{1}{a^2} \ln|ax+b|$	
$\int \dfrac{1}{x^2+a^2} \, dx$	$\dfrac{1}{a} \arctan \dfrac{x}{a}$	
$\int \dfrac{1}{x^2-a^2} \, dx$	$\dfrac{1}{2a} \ln\left|\dfrac{x-a}{x+a}\right|$	
$\int \dfrac{x}{x^2 \pm a^2} \, dx$	$\dfrac{1}{2} \ln\left|x^2 \pm a^2\right|$	
$\int \sqrt{ax+b} \, dx$	$\dfrac{2}{3a} (ax+b)^{\frac{3}{2}}$	
$\int \dfrac{1}{\sqrt{ax+b}} \, dx$	$\dfrac{2}{a} \sqrt{ax+b}$	
$\int \sqrt{x^2 \pm a^2} \, dx$	$\dfrac{1}{2} \left(x\sqrt{x^2 \pm a^2} \pm a^2 \ln\left(x + \sqrt{x^2 \pm a^2}\right)\right)$	
$\int x\sqrt{x^2 \pm a^2} \, dx$	$\dfrac{1}{3} \left(x^2 \pm a^2\right)^{\frac{3}{2}}$	
$\int \dfrac{1}{\sqrt{x^2 \pm a^2}} \, dx$	$\ln\left|x + \sqrt{x^2 \pm a^2}\right|$	
$\int \dfrac{x}{\sqrt{x^2 \pm a^2}} \, dx$	$\sqrt{x^2 \pm a^2}$	
$\int \dfrac{1}{\sqrt{a^2 - x^2}} \, dx$	$\arcsin \dfrac{x}{a}$	

Integral	Stammfunktion	
$\int \sin ax\, dx$	$-\dfrac{1}{a}\cos ax$	
$\int \cos ax\, dx$	$\dfrac{1}{a}\sin ax$	
$\int x \sin ax\, dx$	$-\dfrac{\sin ax}{a^2} - \dfrac{x\cos ax}{a}$	
$\int x \cos ax\, dx$	$\dfrac{\cos ax}{a^2} + \dfrac{x\sin ax}{a}$	
$\int \tan ax\, dx$	$-\dfrac{1}{a}\ln|\cos ax|$	
$\int \cot ax\, dx$	$\dfrac{1}{a}\ln|\sin ax|$	
$\int \sin ax\, \cos ax\, dx$	$\dfrac{1}{2a}\sin^2 ax$	
$\int \sin^n ax\, \cos ax\, dx$	$\dfrac{1}{(n+1)\,a}\sin^{n+1} ax$	$n \neq 1$
$\int \sin ax\, \cos^n ax\, dx$	$-\dfrac{1}{(n+1)\,a}\cos^{n+1} ax$	$n \neq 1$
$\int \arcsin ax\, dx$	$x\arcsin ax + \sqrt{\dfrac{1}{a^2} - x^2}$	
$\int \arccos ax\, dx$	$x\arcsin ax - \sqrt{\dfrac{1}{a^2} - x^2}$	
$\int \sinh ax\, dx$	$\dfrac{1}{a}\cosh ax$	
$\int \sinh ax\, dx$	$\dfrac{1}{a}\cosh ax$	
$\int e^{ax}\, dx$	$\dfrac{1}{a}e^{ax}$	
$\int b^{ax}\, dx$	$\cdot \ \dfrac{1}{a\ln b}b^{ax}$	$b > 0,\ b \neq 1$
$\int x e^{ax}\, dx$	$\dfrac{1}{a^2}e^{ax}\,(ax - 1)$	

Integral	Stammfunktion
$\int x^2 e^{ax}\,dx$	$\dfrac{1}{a^3}\,e^{ax}\left(a^2x^2 - 2ax + 2\right)$
$\int x e^{ax^2}\,dx$	$\dfrac{1}{2a}\,e^{ax^2}$
$\int \ln\left(ax + b\right)\,dx$	$\left(x + \dfrac{b}{a}\right)\ln\left(ax + b\right) - x$

Näherungen

Funktion	Reihenentwicklung	Geltungsbereich
$(1 \pm x)^n$	$1 \pm nx + \dfrac{n\left(n-1\right)}{2!}\,x^2 \pm \ldots$	$|x| \le 1$
$\sqrt{1 \pm x}$	$1 \pm \dfrac{1}{2}\,x - \dfrac{1}{8}\,x^2 \pm \ldots$	$|x| \le 1$
$\sqrt[3]{1 \pm x}$	$1 \pm \dfrac{1}{3}\,x - \dfrac{1}{9}\,x^2 \pm \ldots$	$|x| \le 1$
$\dfrac{1}{(1 \pm x)^n}$	$1 \mp nx + \dfrac{n\left(n+1\right)}{2!}\,x^2 \mp \ldots$	$|x| < 1$
$\dfrac{1}{\sqrt{1 \pm x}}$	$1 \mp \dfrac{1}{2}\,x + \dfrac{3}{8}\,x^2 \mp \ldots$	$|x| < 1$
$\dfrac{1}{\sqrt[3]{1 \pm x}}$	$1 \mp \dfrac{1}{3}\,x + \dfrac{2}{9}\,x^2 \mp \ldots$	$|x| < 1$
$\sin x$	$x - \dfrac{1}{3!}\,x^3 + \ldots$	$|x| < \infty$
$\cos x$	$1 - \dfrac{1}{2!}\,x^2 + \ldots$	$|x| < \infty$
$\tan x$	$x + \dfrac{1}{3!}\,x^3 + \ldots$	$|x| < \dfrac{\pi}{2}$
$\cot x$	$\dfrac{1}{x} - \dfrac{1}{3}\,x - \ldots$	$|x| < \pi$
e^x	$1 + x + \dfrac{1}{2}\,x^2 + \ldots$	$|x| < \infty$
$\ln\left(1 + x\right)$	$x - \dfrac{1}{2}\,x^2 + \dfrac{1}{3}\,x^3 - \ldots$	$-1 < x \le 1$
$\ln\left(1 - x\right)$	$-x - \dfrac{1}{2}\,x^2 - \dfrac{1}{3}\,x^3 - \ldots$	$-1 \le x < 1$
$\arcsin x$	$x + \dfrac{1}{6}\,x^3 + \ldots$	$|x| < 1$
$\arcsin x$	$\dfrac{\pi}{2} - x - \dfrac{1}{6}\,x^3 + \ldots$	$|x| < 1$

Winkelfunktionen

Hier finden Sie einige nützliche Relationen zu den Winkelfunktionen:

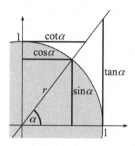

Abb. 33 Winkelfunktionen am Einheitskreis ($r = 1$)

Aus Abb. 33 können wir ablesen:

$$\sin^2 \alpha + \cos^2 \alpha = 1 \, ,$$

sowie:

$$\tan \alpha = \frac{\sin \alpha}{\cos \alpha} \quad \text{und} \quad \cot \alpha = \frac{\cos \alpha}{\sin \alpha} \, .$$

In einem rechtwinkeligen Dreieck sind

$$\sin \alpha = \frac{a}{c} \quad \text{und} \quad \cos \alpha = \frac{b}{c} \, ,$$

mit der Gegenkathete a, der Ankathete b und der Hypothenuse c.

Allgemein gilt:

$$\sin (-\alpha) = - \sin \alpha$$
$$\cos (-\alpha) = + \cos \alpha$$
$$\tan (-\alpha) = - \tan \alpha$$
$$\cot (-\alpha) = - \cot \alpha$$

$$\sin \alpha = + \sin (\pi - \alpha)$$
$$\cos \alpha = - \cos (\pi - \alpha)$$

$$\sin \alpha = - \cos \left(\tfrac{\pi}{2} + \alpha \right)$$
$$\cos \alpha = + \sin \left(\tfrac{\pi}{2} + \alpha \right)$$

$$\sin \alpha = \frac{2 \tan \frac{\alpha}{2}}{1 + \tan^2 \frac{\alpha}{2}}$$

$$\cos \alpha = \frac{1 - \tan^2 \frac{\alpha}{2}}{1 + \tan^2 \frac{\alpha}{2}}$$

$$\tan \alpha = \frac{2 \tan \frac{\alpha}{2}}{1 - \tan^2 \frac{\alpha}{2}}$$

Die Additionstheoreme verketten Winkelfunktionen in mehreren Winkeln α und β. Hier einige gängige Relationen:

$$\sin(\alpha \pm \beta) = \sin\alpha \cdot \cos\beta \pm \cos\alpha \cdot \sin\beta$$

$$\cos(\alpha \pm \beta) = \cos\alpha \cdot \cos\beta \mp \sin\alpha \cdot \sin\beta$$

$$\tan(\alpha \pm \beta) = \frac{\tan\alpha \pm \tan\beta}{1 \mp \tan\alpha \tan\beta}$$

$$\sin(2\alpha) = 2\sin\alpha \cdot \cos\alpha = \frac{2\tan\alpha}{1 + \tan^2\alpha}$$

$$\cos(2\alpha) = \cos^2\alpha - \sin^2\alpha = \frac{1 - \tan^2\alpha}{1 + \tan^2\alpha}$$

$$\tan(2\alpha) = \frac{2\tan\alpha}{1 - \tan^2\alpha}$$

$$\sin\frac{\alpha}{2} = \sqrt{\frac{1 - \cos\alpha}{2}} \qquad \text{für } 0 \leq \alpha \leq 2\pi$$

$$\cos\frac{\alpha}{2} = \sqrt{\frac{1 + \cos\alpha}{2}} \qquad \text{für } -\pi \leq \alpha \leq \pi$$

$$\tan\frac{\alpha}{2} = \frac{1 - \cos\alpha}{\sin\alpha} \qquad \text{für } 0 \leq \alpha < \pi$$

$$\sin\alpha + \sin\beta = 2\sin\frac{\alpha + \beta}{2}\cos\frac{\alpha - \beta}{2}$$

$$\sin\alpha - \sin\beta = 2\cos\frac{\alpha + \beta}{2}\sin\frac{\alpha - \beta}{2}$$

$$\cos\alpha + \cos\beta = 2\cos\frac{\alpha + \beta}{2}\cos\frac{\alpha - \beta}{2}$$

$$\cos\alpha - \cos\beta = -2\sin\frac{\alpha + \beta}{2}\sin\frac{\alpha - \beta}{2}$$

$$\sin\alpha \cdot \sin\beta = \frac{1}{2}\left(\cos(\alpha - \beta) - \cos(\alpha + \beta)\right)$$

$$\cos\alpha \cdot \cos\beta = \frac{1}{2}\left(\cos(\alpha - \beta) + \cos(\alpha + \beta)\right)$$

$$\sin\alpha \cdot \cos\beta = \frac{1}{2}\left(\sin(\alpha - \beta) + \sin(\alpha + \beta)\right)$$

Materialkonstanten

Dichte einiger Stoffe

Material	Dichte
Hochvakuum $(10^{-5}\,Pa)$	$1,3\,\frac{mg}{m^3}$
Wasserstoff (Normaldruck)	$0,0899\,\frac{kg}{m^3}$
Luft (Normalbedingungen)	$1,29\,\frac{kg}{m^3}$
Aerogel (typisch)	$20\,\frac{kg}{m^3}$
Lithium	$0,534\,\frac{kg}{dm^3}$
Ethanol	$0,789\,\frac{kg}{dm^3}$
Heizöl	$0,85\,\frac{kg}{dm^3}$
PE (Polyethylen)	$0,95\,\frac{kg}{dm^3}$
Wasser	$1\,\frac{kg}{dm^3}$
Aluminium	$2,70\,\frac{kg}{dm^3}$
Stahl	$7,86\,\frac{kg}{dm^3}$
Blei	$11,34\,\frac{kg}{dm^3}$
Quecksilber	$13,55\,\frac{kg}{dm^3}$
Wolfram	$19,25\,\frac{kg}{dm^3}$
Neutronenstern (im Kern)	$10^{15}\,\frac{kg}{dm^3}$

Reibungskoeffizienten einiger Stoffpaare

Materialien	Haftreibungs-koeffizient	Gleitreibungs-koeffizient
Stahl – Stahl	0,3	0,2
Stahl mit Ölfilm	0,1	0,05
Teflon – Stahl	0,04	0,04
Leder – Stahl	0,6	0,3
Schlittschuh – Eis	0,03	0,01
Holz – Holz	0,5	0,3
Gummi – Asphalt (trocken)	1,0	0,8
Gummi – Asphalt (nass)	0,6	0,4

Bahndaten der Planeten

	Große Halbachse	Numerische Exzentrizität	Umlaufzeit	Bahn-neigung
Merkur	$57,9 \cdot 10^6$ km	0,206	$87,97\,d$	$7,0°$
Venus	$108,2 \cdot 10^6$ km	0,0068	$224,\,d$	$3,4°$
Erde	$149,6 \cdot 10^6$ km	0,0167	$365,256\,d$	$0,0°$
Mars	$228,0 \cdot 10^6$ km	0,0935	$686,98\,d$	$1,9°$
Jupiter	$778,4 \cdot 10^6$ km	0,0484	$11,86\,a$	$1,3°$
Saturn	$1433,4 \cdot 10^6$ km	0,0542	$29,46\,a$	$2,5°$
Uranus	$2872,4 \cdot 10^6$ km	0,0472	$84,01\,a$	$0,8°$
Neptun	$4495,0 \cdot 10^6$ km	0,0113	$164,79\,a$	$1,8°$
Pluto	$5906,4 \cdot 10^6$ km	0,2488	$247,68\,a$	$17,2°$

Pluto gilt offiziell nicht mehr als Planet.

Trägheitsmomente

Die Masse der Objekte ist M.
Alle Achsen gehen durch den Schwerpunkt.

Form	Achse...	Trägheitsmoment
Kugel Radius R	...durch den Schwerpunkt	$\frac{2}{5} MR^2$
Kugelschale Radius R, infinitesimale Dicke	...durch den Schwerpunkt	$\frac{2}{3} MR^2$
Zylinder Radius R, Höhe h	...entlang der Zylinderachse ...senkrecht zur Zylinderachse	$\frac{1}{2} MR^2$ $\frac{1}{4} MR^2 + \frac{1}{12} Mh^2$
Hohlzylinder Radius R, infinitesimale Dicke	...entlang der Zylinderachse	MR^2
Kegel Radius R, Höhe h	...entlang der Kegelachse	$\frac{3}{10} MR^2$
Quader Kanten a, b	...längs der Mittellinie	$\frac{1}{12} M \left(a^2 + b^2 \right)$
Torus Radius R, Querschnitt r	...längs der Symmetrieachse	$M \left(\frac{3}{4} r^2 + R^2 \right)$

Elastische Konstanten

Material	Elastizitäts-modul	Torsions-modul	Querkontrak-tionszahl	Bruch-grenze
Wolfram	450 GPa	150 GPa		750 MPa
Stahl	200 GPa	80 GPa	0,3	1500 MPa
Kupfer	110 GPa	40 GPa	0,36	220 MPa
Aluminium	70 GPa	25 GPa	0,35	100 MPa
Carbonfaser	150 GPa	–	0,1	2000 MPa
Glas(faser)	50...90 GPa	20 GPa	0,2...0,3	2100 MPa
Holz entlang Faser	10...20 GPa	150 GPa		
quer z. Faser	0,2...2 GPa	150 GPa		
Kunststoffe (PE,PP,PA)	1...5 GPa	0,1 GPa	0,3...0,5	5...50 MPa
Gummi	0,01...0,1 GPa	0,0002 GPa	0,5	20 MPa
Graphen	≈ 1000 GPa			125 GPa

Kompressibilität

In der Tabelle finden Sie einige Werte für Flüssigkeiten und Festkörper. Für Gase lässt sich kein fester Wert angeben. Er hängt zu stark vom Druck im Gas ab.

Material	Kompressibilität	Material	Kompressibilität
Aceton	$1,2 \cdot 10^{-9}$ /Pa	Stahl	$6,2 \cdot 10^{-12}$ /Pa
Ethanol	$1,1 \cdot 10^{-9}$ /Pa	Diamant	$2,2 \cdot 10^{-12}$ /Pa
Petroleum	$7,0 \cdot 10^{-10}$ /Pa		
Wasser	$4,6 \cdot 10^{-10}$ /Pa		
Quecksilber	$4 \cdot 10^{-11}$ /Pa		

Viskosität einiger Stoffe

Material	Viskosität
Glas	$10^{19}\,\text{mPa}\,\text{s}$
Pech	$10^{11}\,\text{mPa}\,\text{s}$
Honig	$3000\,\text{mPa}\,\text{s}$
Öl	$100\ldots1000\,\text{mPa}\,\text{s}$
Alkohol	$1,2\,\text{mPa}\,\text{s}$
Wasser	$1,0\,\text{mPa}\,\text{s}$
Ethyläther	$0,2\,\text{mPa}\,\text{s}$
Luft	$0,018\,\text{mPa}\,\text{s}$
Methan	$0,011\,\text{mPa}\,\text{s}$
Wasserstoff	$0,009\,\text{mPa}\,\text{s}$

Widerstandsbeiwerte

Form	c_{W}
Tropfenform	$0,04$
Tragfläche	$0,1$
Tragfläche (unten plan)	$0,2$
Kugel	$0,4$
Stehender Mensch	$0,7\ldots0,8$
Halbkugel (innen voll)	$0,8$
Scheibe od. quad. Platte	$1,2$
Hohlkugel (Fallschirm)	$1,4$
Rechteckplatte (lang)	$2,0$

Schallintensität

	Intensität	Schallpegel
Flugzeugturbine, 10 m Entfernung	$1000\,\text{W/m}^2$	150 dB
Schmerzgrenze Presslufthammer	$1\,\text{W/m}^2$	120 dB
Geschrei	$10^{-3}\,\text{W/m}^2$	90 dB
PKW-Innenraum bei 120 km/h	$10^{-5}\,\text{W/m}^2$	70 dB
Unterhaltung (50 cm)	$3 \cdot 10^{-6}\,\text{W/m}^2$	65 dB
minimales Flüstern	$10^{-10}\,\text{W/m}^2$	20 dB
Hörgrenze	$10^{-12}\,\text{W/m}^2$	0 dB

Oberflächenspannung

Alle Angaben bei einer Temperatur von $20°\,C$.

Material	σ
Ethylalkohol	$22,3 \cdot 10^{-3}\,\frac{\text{N}}{\text{m}}$
Olivenöl	$33 \cdot 10^{-3}\,\frac{\text{N}}{\text{m}}$
Glycerin	$64 \cdot 10^{-3}\,\frac{\text{N}}{\text{m}}$
Wasser	$73 \cdot 10^{-3}\,\frac{\text{N}}{\text{m}}$
Quecksilber	$475 \cdot 10^{-3}\,\frac{\text{N}}{\text{m}}$

Schallgeschwindigkeit

Die Schallausbreitung ist dispersionsfrei, d. h. es ist $v_{\mathrm{ph}} = v_g$. Alle Angaben bei einer Temperatur von $20°\,C$.

Material	v
Kohlenstoffdioxid	$258\,\frac{\mathrm{m}}{\mathrm{s}}$
Sauerstoff	$324\,\frac{\mathrm{m}}{\mathrm{s}}$
Luft	$344\,\frac{\mathrm{m}}{\mathrm{s}}$
Stickstoff	$348\,\frac{\mathrm{m}}{\mathrm{s}}$
Polyethylen	$540\,\frac{\mathrm{m}}{\mathrm{s}}$
Neon	$453\,\frac{\mathrm{m}}{\mathrm{s}}$
Helium	$1020\,\frac{\mathrm{m}}{\mathrm{s}}$
Wasserstoff	$1400\,\frac{\mathrm{m}}{\mathrm{s}}$
Petroleum	$1451\,\frac{\mathrm{m}}{\mathrm{s}}$
Wasser	$1480\,\frac{\mathrm{m}}{\mathrm{s}}$
Beton	$3100\,\frac{\mathrm{m}}{\mathrm{s}}$
Granit	$3950\,\frac{\mathrm{m}}{\mathrm{s}}$
Stahl	$5050\,\frac{\mathrm{m}}{\mathrm{s}}$
Aluminium	$5200\,\frac{\mathrm{m}}{\mathrm{s}}$
Quarzglas	$5400\,\frac{\mathrm{m}}{\mathrm{s}}$

Periodensystem der Elemente

Die Masse der Elemente ist in atomaren Einheiten u angegeben.
Es ist $1\,u = 1,660\,538\,782(83) \cdot 10^{-27}$ kg.

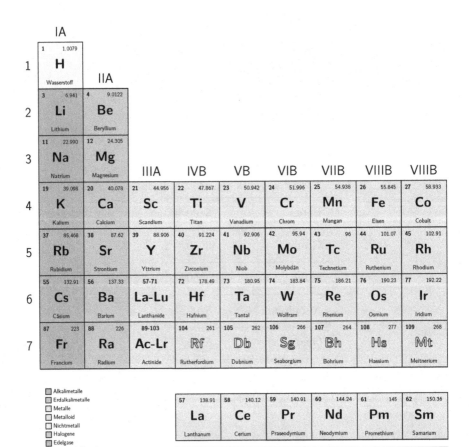

								VIIIA
								2　4.0025 **He** Helium
			IIIA	IVA	VA	VIA	VIIA	
			5　10.811 **B** Bor	6　12.011 **C** Kohlenstoff	7　14.007 **N** Stickstoff	8　15.999 **O** Sauerstoff	9　18.998 **F** Flour	10　20.180 **Ne** Neon
			13　26.982 **Al** Aluminium	14　28.086 **Si** Silizium	15　30.974 **P** Phosphor	16　32.065 **S** Schwefel	17　35.453 **Cl** Chlor	18　39.948 **Ar** Argon
VIIIB	IB	IIB						
28　58.693 **Ni** Nickel	29　63.546 **Cu** Kupfer	30　65.39 **Zn** Zink	31　69.723 **Ga** Gallium	32　72.64 **Ge** Germanium	33　74.922 **As** Arsen	34　78.96 **Se** Selen	35　79.904 **Br** Brom	36　83.8 **Kr** Krypton
46　106.42 **Pd** Palladium	47　107.87 **Ag** Silber	48　112.41 **Cd** Cadmium	49　114.82 **In** Indium	50　118.71 **Sn** Tin	51　121.76 **Sb** Antimon	52　127.6 **Te** Tellur	53　126.9 **I** Jod	54　131.29 **Xe** Xenon
78　195.08 **Pt** Platin	79　196.97 **Au** Gold	80　200.59 **Hg** Quecksilber	81　204.38 **Tl** Thallium	82　207.2 **Pb** Blei	83　208.98 **Bi** Wismut	84　209 **Po** Polonium	85　210 **At** Astat	86　222 **Rn** Radon
110　281 **Ds** Darmstadtium	111　280 **Rg** Roentgenium	112　285 **Uub** Copernicium	113　284 **Uut** Nihonium	114　289 **Uuq** Flerovium	115　288 **Uup** Moscovium	116　293 **Uuh** Livermorium	117　292 **Ts** Tenness	118　294 **Og** Oganesson

63　151.96 **Eu** Europium	64　157.25 **Gd** Gadolinium	65　158.93 **Tb** Terbium	66　162.50 **Dy** Dysprosium	67　164.93 **Ho** Holmium	68　167.26 **Er** Erbium	69　168.93 **Tm** Thulium	70　173.04 **Yb** Ytterbium	71　174.97 **Lu** Lutetium
95　243 **Am** Americium	96　247 **Cm** Curium	97　247 **Bk** Berkelium	98　251 **Cf** Californium	99　252 **Es** Einsteinium	100　257 **Fm** Fermium	101　258 **Md** Mendelevium	102　259 **No** Nobelium	103　262 **Lr** Lawrencium

Der Kurs auf iversity

Falls Sie Interesse am Online-Kurs *Experimentalphysik | Mechanik* haben, so können Sie sich über den folgenden Link für den Kurs registrieren:

go.sn.pub/Y18GdK.

Die Registrierung ist kostenfrei.

Der Kurs ist in die gleichen Lerneinheiten unterteilt, wie das Buch hier. Zu jeder Lerneinheit finden Sie im Online-Kurs eine deutlich ausführlichere Zusammenfassung des Inhalts, ergänzt durch Texte aus unserem Lehrbuch. Teilweise wird der Inhalt in Videos präsentiert, teilweise in Texten mit Grafiken, darunter interaktive Grafiken. Zu jeder Lerneinheit finden Sie im Online-Kurs eine Lernkontrolle mit einem einfachen Quiz, den Flashcards mit tiefergehenden Fragen und Antworten, die Sie im Stil von Karteikarten erlernen können, und einige Übungsaufgaben. Die Flashcards sind hier im Buch am Ende der jeweiligen Lerneinheiten verlinkt. Diese Links werden erst funktionieren, nachdem Sie sich über den obigen Link registriert haben. Außerdem enthält der Online-Kurs übergreifende Wiederholungen, mit denen Sie mehrere Lerneinheiten bis hin zum ganzen Stoff der Mechanik wiederholen können. Ferner können Sie kostenlos die Flashcard-App SSN Flashcards"mit Fragen zur Wissensüberprüfung und zum Lernen von Buchinhalten nutzen.

Probieren Sie es aus!

Für die Nutzung folgen Sie bitte den folgenden Anweisungen:

1. Gehen Sie auf https://flashcards.springernature.com/login.
2. Erstellen Sie ein Benutzerkonto, indem Sie ihre Mailadresse angeben und ein Kennwort vergeben.
3. Verwenden Sie den folgenden Link, um Zugang zu Ihren Flashcards Set zu erhalten: go.sn.pub/JYADjb.

Sollte der Link fehlen oder nicht funktionieren, senden Sie uns bitte eine E-Mail mit dem Betreff SSN Flashcardsünd dem Buchtittel an customerservice@springernature.com.

S. Roth, A. Stahl, *Der Mechanik-Coach*, https://doi.org/10.1007/978-3-662-63618-3

Literatur

Lehrbücher zur Mechanik:

- S. Roth, A. Stahl, *Mechanik: Experimentalphysik – anschaulich erklärt*, Springer Spektrum
- W. Demtröder, *Experimentalphysik 1 – Mechanik und Wärme*, Springer Spektrum
- J. Heintze, P. Bock, *Lehrbuch zur Experimentalphysik, Band 1: Mechanik*, Springer Spektrum
- Bergmann Schaefer, *Lehrbuch der Experimentalphysik, Band 1, Mechanik, Relativität, Wärme*, de Gruyter Verlag
- D. C. Giancoli, *Physik*, Pearson
- R. P. Feynman, *Vorlesungen über Physik, Band 1: Mechanik, Strahlung, Wärme*, Oldenbourg Verlag
- C. Kittel et al., Berkeley Physik Kurs 1, Mechanik, vieweg Verlag
- P. A. Tipler, G. Mosca, *Physik für Wissenschaftler und Ingenieure*, Spektrum Verlag
- D. Halliday, R. Resnick, J. Walker, *Physik*, Wiley VCH
- R. D. Knight, *Physics for Scientists and Engineers*, Perason

Beachten Sie, dass die letzten drei Bücher auf Ingenieure und Naturwissenschaftler außerhalb der Physik zugeschnitten sind. Sie liegen im Niveau etwas unterhalb der Bücher für Studierende der Physik.

Sie suchen Übungsaufgaben? Dann empfehlen wir:

- P. Müller, u. a., *Übungsbuch Physik: Grundlagen - Kontrollfragen - Beispiele - Aufgaben*, Hanser Verlag
- H. Lindner, *Physikalische Aufgaben*, Hanser Verlag
- P. Deus, W. Stolz, *Physik in Übungsaufgaben*, Teubner Verlag

Falls Sie neben der Experimentalphysik auch die theoretische Physik tiefer kennenlernen wollen, empfehlen wir Ihnen das folgende Buch:

- W. Nolting, *Grundkurs Theoretische Physik 1: Klassische Mechanik*, Springer Spektrum

Sollten Sie Themen aus der Mathematik nachlesen wollen, empfehlen wir die folgenden Bücher. Wir haben sie nach aufsteigender Komplexität sortiert, beginnend mit einem Buch, das mit der Schulmathematik beginnt.

- G. Walz, F. Zeilfelder, Th. Rießinger, *Brückenkurs Mathematik für Studieneinsteiger aller Disziplinen*, Springer Spektrum

© Der/die Autor(en), exklusiv lizenziert an Springer-Verlag GmbH, DE, ein Teil von Springer Nature 2022
S. Roth, A. Stahl, *Der Mechanik-Coach*, https://doi.org/10.1007/978-3-662-63618-3

- Ch. B. Lang, N. Pucker, *Mathematische Methoden in der Physik*, Springer Spektrum
- G. B. Arfken, H. J. Weber, F. E. Harris, *Mathematical Methods for Physicists*, Elsevier
- H. Fischer, H. Kaul, *Mathematik für Physiker, Band 1: Grundkurs*, Vieweg + Teubner

In der ersten Lerneinheit (I) haben wir einige Grundbegriffe der Datenanalyse angesprochen. Falls Sie tiefer in dieses Thema einsteigen wollen, empfehlen wir:

- M. Erdmann, Th. Hebbeker, A. Schmidt, *Statistische Methoden in der Experimentalphysik*, Pearson

Zum Schluss der Literaturliste finden Sie noch zwei Tabellenwerke. Sollten Sie in unserem mathematischen Anhang die gesuchte Formel nicht finden, empfehlen wir Ihnen das Taschenbuch der Mathematik. Im zweiten Buch finden Sie viele Tabellen mit Materialkonstanten und zu anderen Themen.

- L. N. Bronstein, K. A. Semendjaev, *Taschenbuch der Mathematik*, Verlag Harri Deutsch
- H. Stöcker, *Taschenbuch der Physik*, Verlag Harri Deutsch

Index

Ableitungen, 191
actio, 26
Additionstheoreme, 196
Adhäsionskraft, 123
Adhäsion, 124
Aktionsprinzip, 24, 26
Amplitude, 146
Angriffspunkt, 88
Ansatz
  phänomenologisch, 74, 76, 77
aperiodischer Grenzfall, 147, 150
Aphel, 66
Arbeit, 34, 36, 100, 101, 181, 183
Archimed'sches Prinzip, 123, 124
Atmosphäre, 122
Auftrieb, 123, 124, 184
  dynamisch, 134, 135, 137
Axiom, 24
Azimuth, 16

Bahnbeschleunigung, 16
Bahndrehimpuls, 96, 100
Bahngeschwindigkeit, 15, 54, 184
Bahnkurve, 16
Bahnlinie, 132, 135
Bar, 122, 124
barometrische Höhenformel, 123, 124, 184
Basiseinheit, 4
Bel, 170, 172
Bernoulli-Gleichung, 133, 135, 185
Beschleunigung, 14, 16, 181
  geradlinig, 15
  gleichförmig, 15
Beugung, 161
Bewegung
  geradlinig, 14
  gleichförmig, 14
  periodisch, 146
  stationär, 148
Bewegungsenergie, 34
Bezugssystem, 16
  geradlinig beschleunigt, 54
  rotierend, 54
Biegung, 112, 114
Blasinstrument, 171
Bremsen, 16
Brenpunkt, 64
Bruchgrenze, 200

Coriolis-Kraft, 182
Corioliskraft, 55, 56

Dämpfung
  schwach, 147, 150
  stark, 147
  starke, 151
Dämpfungskonstante, 150, 186
Dämpfungskonstanten, 147
Deduktion, 5, 6
Deformation
  elastisch, 112
  plastisch, 112
Dehnung, 112, 114
Dezibel, 170
DGL, 146, 147, 170
Dichte, 197
Differentialgleichung, 146
Dispersion, 161, 162
Dopplereffekt, 170, 172, 186, 187
Drehimpuls, 96, 100, 183
Drehimpulserhaltung, 102
Drehimpulssatz, 96, 100
Drehmoment, 86, 88, 89, 100, 183
Drehschwingung, 102
Drehwinkel, 97
Druck, 122, 124, 184
  dynamisch, 132, 135
  isotrop, 122
  statisch, 132, 133, 135
Druckabfall, 133
Druckkraft, 112
Druckspannung, 112, 114
Durchschnittsgeschwindigkeit, 16
dynamischen Auftrieb, 134

ebene Welle, 160
Eigendrehimpuls, 96, 100
Eigenfrequenz, 147, 150
Eigenmode, 148, 150
Einheit, 4, 6
Einhüllende, 160, 162
elastischer Bereich, 114
Elastizitätsgrenze, 113, 114
Elastizitätsmodul, 112, 114, 200
Elastomechanik, 112
Ellipse, 65, 66
Ellipsenbahnen, 64
Ende
  fest, 149, 150
  lose, 149, 150
Energie, 34, 36
  kinetische, 34, 36, 182
  Lage-, 34
  potenzielle, 34, 36, 182
Rotation, 97

ONLINE-KURS ZUM BUCH

Als Nutzer*in dieses Buches haben Sie kostenlos Zugriff auf einen Online-Kurs, der das Buch optimal ergänzt und für Sie wertvolle digitale Materialien bereithält. Zugang zu diesem Online-Kurs auf einer Springer Nature-eigenen eLearning-Plattform erhalten Sie über einen Link im Buch. Dieser Kurs-Link befindet sich innerhalb der ersten Kapitel. Sollte der Link fehlen oder nicht funktionieren, senden Sie uns bitte eine E-Mail mit dem Betreff „Book+Course" und dem Buchtitel an customerservice@springernature.com.

Online-Kurse bieten Ihnen viele Vorteile!

- Sie lernen online jederzeit und überall
- Mit interaktiven Materialien wie Quizzen oder Aufgaben überprüfen Sie kontinuierlich Ihren Lernfortschritt
- Die Videoeinheiten sind einprägsam und kurzgehalten
- Tipps & Tricks helfen Ihnen bei der praktischen Umsetzung der Lerninhalte
- Ihr Zertifikat erhalten Sie optional nach erfolgreichem Abschluss

Printed in the United States
by Baker & Taylor Publisher Services